図解まるわかり

セキュリティのしくみ

Security

増井敏克 [著]

はじめに

　普段コンピュータを使うとき、セキュリティについてどのような意識を持っているでしょうか？ 強固なパスワードを設定して、ウイルス対策ソフトを入れておけば十分だと思っている人が多いかもしれません。

　実際になんらかの被害に遭った人も少数派だと思います。「ウイルスなんて感染したことがない」「個人情報を知られるのが怖いからSNSも登録していない」「匿名のアカウントだから大丈夫」など、「自分だけは大丈夫」という人は少なくありません。

　しかし、ニュースを見てみると、毎日のように個人情報の紛失や盗難、情報漏えい事件などが発生しています。実際は、ニュースなどで報じられないような事件も多数起きているかもしれません。そもそも、情報漏えいが発生していることや、ウイルスに感染していることに気づいていないかもしれません。

　一方で、「知らなかった」「気づかなかった」では済まされないのがセキュリティです。顧客の情報を扱うのに、セキュリティポリシーを定めていない、対策を何も実施していない、というのでは大問題になります。

　被害に遭わないとその危険性を実感できないものですが、被害に遭ってしまってからでは遅いのも事実です。そんな中、セキュリティに関するセミナーを開催すると、参加者から以下のような悩みがたくさん出てきます。

- セキュリティはやることが多くて、何から手をつけていいのかわからない
- お金をかければできる対策はいくらでもあるが、どこまでやればいいのかわからない
- さまざまな対策を実施しているが、その効果が見えない

　実際、セキュリティはコストだと考えている経営者は少なくありません。また、実務を任されている担当者も、本来の業務と掛け持ちの場合があり、面倒な作業だと捉えています。

これらに共通するのは「できればやりたくない」という意識です。その背景には、セキュリティを考えたときに実施しなければならない対策や必要な知識が多岐にわたることが挙げられます。

　それぞれの対策の必要性や効果を理解するには、セキュリティだけの勉強では足りません。ネットワークやプログラミング、データベースに関する知識が求められる場合もありますし、法律に関する知識や数学的な考え方が必要になる場合もあります。

　さらに、一度学んでも新たな攻撃手法が次々登場しますので、最新の内容を常に収集する必要があります。これが後回しになってしまうと、被害が発生してしまいます。

　セキュリティが難しい理由として、正解が存在しないことが挙げられます。企業の規模や業務内容によっても対策の内容は異なりますし、求められるレベルも違います。他社が受けた攻撃に対して、速やかに対策を実施しても、自社にはまったく影響がない場合もあるでしょう。

　一方、どれだけ対策を実施しても、従業員の誰か1人でも意識が低いと、そこを狙われてしまいます。セキュリティは具体的な対策を行うだけでは不十分です。なぜそのような攻撃が成立するのか、なぜ攻撃を仕掛けようと思うのか、ということがわからないと、何から何を守ればよいのか判断できません。

　小さなことでも、普段から気づいたことがあれば少しずつ改善していく、その積み重ねが大切です。そこで、この本では見開きで1つのテーマを取り上げ、図解を交えて解説しています。最初から順に読むだけでなく、気になるテーマやキーワードに注目して読んでいただいてもよいと思います。

　もちろん、この本に書かれていることだけをやっていても不十分です。本書で扱っているのはセキュリティの技術に関するほんの一部分でしかありません。それでも、この本をきっかけにして1つずつでも対策を実施し、少しでも多くの企業や個人のセキュリティが高まれば幸いです。

2018年9月　増井　敏克

目次

はじめに ………………………………………………………………………………… 2

会員特典について ……………………………………………………………………… 12

第1章 セキュリティの基本的な考え方
～分類して考える～
13

1-1 攻撃者の目的
愉快犯、ハクティビズム、金銭奪取、サイバーテロ …………………………… 14

1-2 セキュリティに必要な考え方
情報資産、脅威、リスク ………………………………………………………… 16

1-3 脅威の分類
人的脅威、技術的脅威、物理的脅威 …………………………………………… 18

1-4 内部不正が起きる理由
機会、動機、正当化 ……………………………………………………………… 20

1-5 セキュリティの三要素
機密性、完全性、可用性 ………………………………………………………… 22

1-6 三要素（CIA）以外の特性
真正性、責任追跡性、否認防止、信頼性 ……………………………………… 24

1-7 コスト、利便性、安全性の考え方
トレードオフ ……………………………………………………………………… 26

1-8 適切な人にだけ権限を与える
アクセス権、認証、認可、最小特権 …………………………………………… 28

1-9 パスワードを狙った攻撃
総当たり攻撃、辞書攻撃、パスワードリスト攻撃 …………………………… 30

1-10 使い捨てのパスワードで安全性を高める
ワンタイムパスワード、多要素認証 …………………………………………… 32

4

1-11 **不正なログインから守る**
リスクベース認証、CAPTCHA ································· 34

1-12 **パスワードを取り巻く環境の変化**
シングルサインオン、パスワード管理ツール ················ 36

1-13 **個人の身体的情報を利用する**
指紋認証、静脈認証、虹彩認証、顔認証 ················· 38

やってみよう インターネットに接続するだけで
わかってしまう情報を知ろう ················· 40

第2章 ネットワークを狙った攻撃
～招かれざる訪問者～
41

2-1 **データの盗み見**
盗聴 ··· 42

2-2 **データの信頼性を脅かす攻撃**
改ざん ··· 44

2-3 **特定人物になりすます**
なりすまし ·· 46

2-4 **法律による不正アクセスの定義**
不正アクセス ······································ 48

2-5 **無実の人が加害者に**
乗っ取り ·· 50

2-6 **攻撃のための裏口を設置**
バックドア、rootkit ······························· 52

2-7 **負荷をかけるタイプの攻撃**
DoS攻撃、DDoS攻撃、ボットネット、メールボム ········ 54

2-8 **攻撃をどこで防ぐか**
入口対策、出口対策、多層防御 ················· 56

2-9 **不正アクセス対策の基本**
ファイアウォール、パケットフィルタリング ··········· 58

5

2-10 通信の監視と分析
パケットキャプチャ ································· 60

2-11 外部からの侵入を検知・防止する
IDS、IPS ··· 62

2-12 集中管理で対策効果を上げる
UTM、SIEM ····································· 64

2-13 ネットワークを分割する
DMZ、検疫ネットワーク ······················· 66

2-14 ネットワークへの接続を管理する
MACアドレスフィルタリング ··················· 68

2-15 安全な通信を実現する
無線LANの暗号化と認証 ······················ 70

やってみよう 自分の行動を見ていたような広告が
表示される理由を知ろう ···················· 72

第**3**章 ウイルスとスパイウェア
～感染からパンデミックへ～
73

3-1 マルウェアの種類
ウイルス、ワーム、トロイの木馬 ················ 74

3-2 ウイルス対策の定番
ウイルス対策ソフトの導入、ウイルス定義ファイルの更新 ··· 76

3-3 ウイルス対策ソフトの技術
ハニーポット、サンドボックス ··················· 78

3-4 偽サイトを用いた攻撃
フィッシング、ファーミング ······················ 80

3-5 メールによる攻撃や詐欺
スパムメール、ワンクリック詐欺、ビジネスメール詐欺 ··· 82

3-6 情報を盗むソフトウェア
スパイウェア、キーロガー ······················· 84

6

3-7 身代金を要求するウイルス
ランサムウェア ⋯⋯⋯⋯⋯⋯⋯⋯⋯⋯⋯⋯⋯⋯ 86

3-8 防ぐのが困難な標的型攻撃
標的型攻撃、APT攻撃 ⋯⋯⋯⋯⋯⋯⋯⋯⋯⋯⋯⋯ 88

3-9 気をつけたいその他のWebの脅威
ドライブバイダウンロード、ファイル共有サービス ⋯⋯⋯ 90

3-10 ウイルス感染はPCだけではない
IoT機器のウイルス ⋯⋯⋯⋯⋯⋯⋯⋯⋯⋯⋯⋯⋯ 92

やってみよう メールの差出人を偽装してみよう ⋯⋯⋯⋯⋯⋯ 94

第 4 章 脆弱性への対応
～不備を狙った攻撃～
95

4-1 ソフトウェアの欠陥の分類
不具合、脆弱性、セキュリティホール ⋯⋯⋯⋯⋯⋯⋯ 96

4-2 脆弱性に対応する
修正プログラム、セキュリティパッチ ⋯⋯⋯⋯⋯⋯⋯ 98

4-3 対策が不可能な攻撃？
ゼロデイ攻撃 ⋯⋯⋯⋯⋯⋯⋯⋯⋯⋯⋯⋯⋯⋯⋯ 100

4-4 データベースを不正に操作
SQLインジェクション ⋯⋯⋯⋯⋯⋯⋯⋯⋯⋯⋯⋯ 102

4-5 複数のサイトを横断する攻撃
クロスサイトスクリプティング ⋯⋯⋯⋯⋯⋯⋯⋯⋯ 104

4-6 他人になりすまして攻撃
クロスサイトリクエストフォージェリ ⋯⋯⋯⋯⋯⋯⋯ 106

4-7 ログイン状態の乗っ取り
セッションハイジャック ⋯⋯⋯⋯⋯⋯⋯⋯⋯⋯⋯ 108

4-8 メモリ領域の超過を悪用
バッファオーバーフロー ⋯⋯⋯⋯⋯⋯⋯⋯⋯⋯⋯ 110

4-9 脆弱性の有無を検査する
脆弱性診断、ペネトレーションテスト、ポートスキャン ⋯⋯ 112

7

4-10	Webアプリケーションを典型的な攻撃から守る	
	WAF	114

4-11	開発者が気をつけるべきこと	
	セキュア・プログラミング	116

4-12	便利なツールの脆弱性に注意	
	プラグイン、CMS	118

4-13	脆弱性を定量的に評価する	
	JVN、CVSS	120

4-14	脆弱性情報を報告・共有する	
	情報セキュリティ早期警戒パートナーシップガイドライン	122

やってみよう 脆弱性を数値で評価してみよう ……………………… 124

第5章 暗号／署名／証明書とは
～秘密を守る技術～
125

5-1	暗号の歴史	
	古典暗号、現代暗号	126

5-2	高速な暗号方式	
	共通鍵暗号	128

5-3	鍵配送問題を解決した暗号	
	公開鍵暗号	130

5-4	公開鍵暗号を支える技術	
	証明書、認証局、PKI、ルート証明書、サーバ証明書	132

5-5	改ざんの検出に使われる技術	
	ハッシュ	134

5-6	公開鍵暗号のしくみを署名に使う	
	電子署名、デジタル署名	136

5-7	共通鍵暗号と公開鍵暗号の組み合わせ	
	ハイブリッド暗号、SSL	138

5-8	Webサイトの安全性は鍵マークが目印	
	HTTPS、常時SSL、SSLアクセラレータ	140

8

5-9 安全性をさらに追求した暗号
RSA暗号、楕円曲線暗号 ················· 142

5-10 暗号が安全でなくなるとどうなる？
暗号の危殆化、CRL ················· 144

5-11 メールの安全性を高める
PGP、S/MIME、SMTP over SSL、POP over SSL ················· 146

5-12 リモートでの安全な通信を実現
SSH、クライアント証明書、VPN、IPsec ················· 148

5-13 プログラムにも署名する
コード署名、タイムスタンプ ················· 150

5-14 データ受け渡しの仲介に入る攻撃者
中間者攻撃 ················· 152

やってみよう ファイルが改ざんされていないか確認しよう ················· 154

第6章 組織的な対応
~環境の変化に対応する~

155

6-1 組織の方針を決める
情報セキュリティポリシー、プライバシーポリシー ················· 156

6-2 セキュリティにおける改善活動
ISMS、PDCAサイクル ················· 158

6-3 情報セキュリティ監査制度によるセキュリティレベルの向上
情報セキュリティ管理基準、情報セキュリティ監査基準 ················· 160

6-4 最後の砦は「人」
情報セキュリティ教育 ················· 162

6-5 インシデントへの初期対応
インシデント、CSIRT、SOC ················· 164

6-6 ショッピングサイトなどにおける
クレジットカードの管理
PCI DSS ················· 166

9

6-7 災害対策もセキュリティの一部
BCP、BCM、BIA ……………………………………………… 168

6-8 リスクへの適切な対応とは
リスクアセスメント、リスクマネジメント ………………………… 170

6-9 不適切なコンテンツから守る
URLフィルタリング、コンテンツフィルタリング ………………… 172

6-10 トラブル原因を究明する手がかりは記録
ログ管理・監視 …………………………………………………… 174

6-11 証拠を保全する
フォレンジック …………………………………………………… 176

6-12 モバイル機器の管理
MDM、BYOD …………………………………………………… 178

6-13 情報システム部門が把握できないIT
シャドーIT ………………………………………………………… 180

6-14 企業が情報漏えいを防ぐための考え方
シンクライアント、DLP ………………………………………… 182

6-15 物理的なセキュリティ
施錠管理、入退室管理、クリアデスク、クリアスクリーン ……… 184

6-16 可用性を確保する
UPS、二重化 …………………………………………………… 186

6-17 契約内容を確認する
SLA ……………………………………………………………… 188

やってみよう 自社のセキュリティポリシーや、使用しているサービスの
プライバシーポリシーを見てみよう ………………………… 190

第 **7** 章 セキュリティ関連の法律・ルールなど
〜知らなかったでは済まされない〜
191

7-1 個人情報の取り扱いルール
個人情報保護法 …………………………………………………… 192

7-2 個人情報の利活用
オプトイン、オプトアウト、第三者提供、匿名化 ……………………… 194

7-3 マイナンバーと法人番号の取り扱い
マイナンバー法 ……………………………………………………… 196

7-4 個人情報の管理体制への認定制度
プライバシーマーク …………………………………………………… 198

7-5 厳格化されたEUの個人情報管理
GDPR ……………………………………………………………… 200

7-6 不正アクセスを処罰する法律
不正アクセス禁止法 …………………………………………………… 202

7-7 ウイルスの作成・所持に対する処罰
ウイルス作成罪 ………………………………………………………… 204

7-8 コンピュータに対する詐欺や業務妨害
電子計算機使用詐欺罪、電子計算機損壊等業務妨害罪 ……………… 206

7-9 著作物の無断利用に注意
著作権法、クリエイティブ・コモンズ ………………………………… 208

7-10 プロバイダと電子メールのルール
プロバイダ責任制限法、迷惑メール防止法 ………………………… 210

7-11 デジタルでの文書管理に関する法律
電子署名法、e-文書法、電子帳簿保存法 …………………………… 212

7-12 国が規定するセキュリティ戦略や理念
IT基本法、サイバーセキュリティ基本法、官民データ活用推進基本法 … 214

7-13 セキュリティ関連の資格
情報セキュリティマネジメント試験、
情報処理安全確保支援士、CISSP ……………………………… 216

やってみよう 個人情報保護法に関連するガイドラインなどを調べよう ………… 218

索引 ……………………………………………………………………… 219

11

会員特典について

　本書では、セキュリティについて体験しながら学ぶ「やってみよう」というコンテンツを掲載しています。ページの都合で5つしか掲載できませんでしたが、会員特典として追加コンテンツ（PDF形式、約5ページ）を読むことができます。下記の方法で入手し、さらなる学習にお役立てください。

会員特典の入手方法

❶以下のWebサイトにアクセスしてください。
　URL https://www.shoeisha.co.jp/book/present/9784798157207
❷画面に従って必要事項を入力してください。（無料の会員登録が必要です）
❸表示されるリンクをクリックし、ダウンロードしてください。

※会員特典データのダウンロードには、SHOEISHA iD（翔泳社が運営する無料の会員制度）への会員登録が必要です。詳しくは、Webサイトをご覧ください。

※会員特典データに関する権利は著者および株式会社翔泳社が所有しています。許可なく配布したり、Webサイトに転載することはできません。

※会員特典データの提供は予告なく終了することがあります。あらかじめご了承ください。

第1章

セキュリティの基本的な考え方

~分類して考える~

1-1 ···················· 愉快犯、ハクティビズム、金銭奪取、サイバーテロ

≫ 攻撃者の目的

目的は「愉快犯」から「金銭奪取」に

　セキュリティを考えるとき、**何から何を守るのか**を明確にしないと、対策の効果が十分に得られません。そこで、攻撃者が何を狙っているのか、その目的を考えることから始めましょう。

　身近な攻撃の例を考えると、コンピュータウイルスが挙げられます。ウイルスに感染してコンピュータが使えなくなると利用者は困ってしまいます。ただ相手を困らせるだけでなく、技術力を誇示する目的で、主に不特定多数に対して攻撃が行われていました。

　特定のWebサイトの内容が書き換えられた、といった攻撃もよくニュースになります。改ざんによって騒ぎになることを楽しむ目的で行われ、政治的なメッセージを掲載してアピールするためにハッキング（クラッキング）を行うような行動を**ハクティビズム**と呼びます。

　21世紀に入ると、攻撃者の目的が「金銭」に変わってきました。**特定の企業や組織が所有する個人情報**を盗み出し、それを売ることで「個人情報がお金になる」という認識が広がってきたのです。

　さらに、攻撃していることを気づかれないように、可能な限りひそかに攻撃を行っています。つまり、ウイルスに感染させる、改ざんを行う、といった行為は「目的」ではなく、**情報を搾取し金銭に換えるための「手段」**になっています（図1-1）。

サイバーテロの脅威

　インターネットなどを経由して行われる大規模なテロ行為は**サイバーテロ**と呼ばれます。電力やガス、水道など日常生活に必要な社会インフラを麻痺させるために発電所などを狙う、もしくは鉄道や飛行機などの交通インフラを狙うといった攻撃では、大きな被害が発生します。

　オリンピックなど人が多く集まる場ではサイバーテロが懸念されており、政府機関などを中心にさまざまな対策が練られています（図1-2）。

図1-1　攻撃の目的の変化

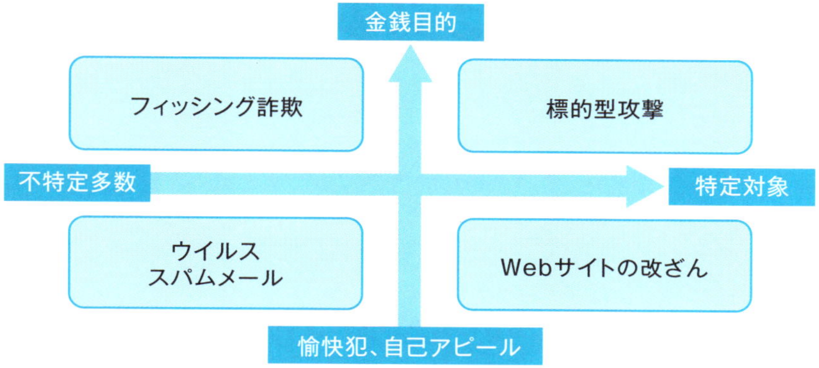

```
                    金銭目的
                      ↑
    フィッシング詐欺          標的型攻撃

不特定多数 ────────────────────→ 特定対象

    ウイルス              Webサイトの改ざん
    スパムメール
                      ↓
              愉快犯、自己アピール
```

図1-2　重要インフラのセキュリティ体制

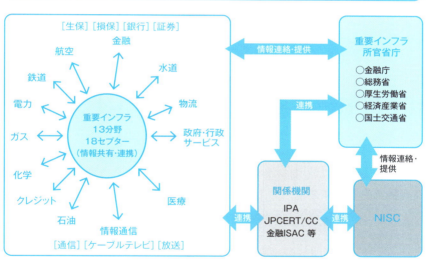

出典：内閣サイバーセキュリティセンター（NISC）「2017年度分野横断的演習について」
（URL：https://www.nisc.go.jp/conference/cs/ciip/dai11/pdf/11shiryou03.pdf）

Point

- 攻撃者の目的を知り、守るべき対象を明確にして対策を実施する
- 自社や自分自身が狙われているという意識を持つ
- サイバーテロについて、その影響の大きさを理解する

1-2 .... 情報資産、脅威、リスク

≫ セキュリティに必要な考え方

保護するものは「情報資産」

攻撃者の目的を理解できたところで、次は何を保護するかを考えてみましょう。会社などの組織を運営していくためには、「ヒト」「モノ」「カネ」に加えて「情報」も必要です。

例えば、企業で取り扱う情報には、顧客情報や従業員の個人情報、設計書や会計情報などがあり、これらを情報資産と呼びます。企業には多くの情報資産がありますが、コンピュータで取り扱うものだけでなく、紙や人の記憶などに保存されている内容もあります（図1-3）。

そこで、これらを分類し、管理担当者を任命して、適切に保護しなければなりません。担当者が責任を持って管理していないと、取引先や顧客から預かっている情報が適切に管理されない可能性があります。

脅威とリスクの違い

情報資産を分類して管理していても、攻撃者による不正アクセスなどによって重要な情報が危険にさらされる可能性があります。また、社内の従業員による情報の持ち出しなどによって、組織に損害を与える可能性もあります（ただし、情報資産には「秘密にする必要があるもの」や「なくなると困るもの」だけでなく、「公開されているもの」もあります）。

このように、情報資産に悪影響を与える原因や要因を脅威と呼び、その可能性の有無（発生確率）をリスクと呼びます。

重要な情報資産に情報漏えいなどの事件が発生すると、企業の信用失墜や競争力の喪失、賠償責任といった重い負担にもつながりかねません。

そこで、守るべき情報資産に対して発生する可能性がある脅威を整理し、脅威の発生確率や発生した場合の影響度などを評価してリスクを分析します（図1-4）。リスクは業界や業務によって大きく異なるため、さまざまな分析手法が提案されています。

16

図1-3　情報資産の分類

ソフトウェア資産
（OS、各種ソフトウェアなど）

人的資産
（人、保有資格、経験など）

サービス
（通信サービス
Webサービスなど）

物理的資産
（コンピュータ、サーバなど）

情報資産
（ファイル、データベース
契約書など）

無形資産
（組織の評判、イメージなど）

図1-4　情報の重要度は情報資産の内容によって異なる

公開	社外秘	秘密	極秘
例 記者発表、ホームページ	例 社内掲示板、作業手順	例 販売データ、顧客情報	例 設計書、新製品情報

**業務内容、脅威の発生頻度、
リスクの大きさなどによって分類や対策は変わる**

Point

- 情報資産を分類して管理担当者を任命し、責任を持って保護する
- 情報の重要度や脅威の発生頻度、リスクの大きさなどによって適切な対策を考える

1-3 .... 人的脅威、技術的脅威、物理的脅威

≫ 脅威の分類

　脅威は大きく以下の3つに分けられます。図1-5、図1-6も参考にしながら、具体的に見ていきましょう。

人が原因となる「人的脅威」

　人によって発生する脅威のことを人的脅威と呼びます。人的脅威はさらに意図的な脅威と偶発的な脅威に分けられます。

　意図的な脅威としては、機密情報を持ち出す「不正持ち出し」や、情報の盗み見、ソーシャルエンジニアリング※1などが該当します。

　偶発的な脅威としては、メールの誤送信やUSBメモリの紛失などが挙げられます。原因として、従業員のセキュリティ意識が低いことや、社内で規程が定められていないなどの理由も考えられます。

サイバー攻撃による「技術的脅威」

　悪意のある者の攻撃などによる脅威は技術的脅威と呼びます。例えば不正アクセスやネットワークの盗聴、通信の改ざんだけでなく、脆弱性と呼ばれるセキュリティ上の不具合を狙った脅威もあります（第4章の**4-1**を参照）。コンピュータウイルスやマルウェアに感染させるのもこれに該当します。

情報資産が破壊される「物理的脅威」

　情報資産の破壊などによって発生する脅威を物理的脅威と呼びます。地震や火災、水害、病気によるパンデミックなどの災害は環境的脅威と呼ばれることもあります。そのほか、コンピュータの破壊や窃盗なども考えられます。

※1　ソーシャルエンジニアリング：清掃員になりすまして書類を盗み出す、パスワードを入力時に覗き見るなど、コンピュータやネットワークを使わず、侵入に必要なIDやパスワードなどを物理的な手段で獲得する行為。

図1-5　情報漏えいの8割は人的脅威が原因

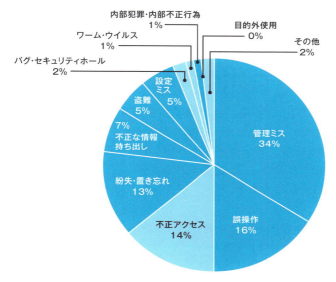

出典：日本ネットワークセキュリティ協会（JNSA）、
長崎県立大学「2016年情報セキュリティインシデントに関する調査報告書〜個人情報漏えい編〜」
（URL：http://www.jnsa.org/result/incident/data/2016incident_survey_ver1.2.pdf）

図1-6　安全管理措置の分類

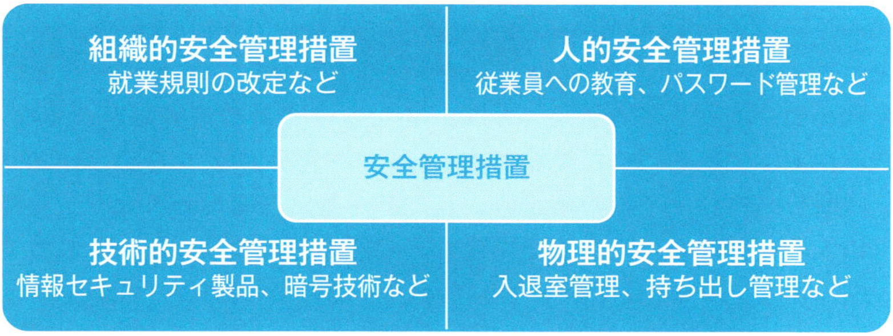

組織的安全管理措置	人的安全管理措置
就業規則の改定など	従業員への教育、パスワード管理など
技術的安全管理措置	物理的安全管理措置
情報セキュリティ製品、暗号技術など	入退室管理、持ち出し管理など

中央：安全管理措置

Point
- ヒューマンエラーや災害などの脅威がなくなることはない
- 脅威を分類し、それぞれの対策を検討する

1-4 .... 機会、動機、正当化

》 内部不正が起きる理由

従業員による内部不正の危険性

　情報漏えいの原因の1つである、従業員による**内部不正**については、法律やルールを整備しても従業員の意識を変えないと防ぐことはできません（図1-7、図1-8、図1-9）。機密情報を持ち出したり、会計データを書き換えたりする事例が考えられ、技術的な対策を実施しても、抜け道を考えられてしまうと被害が発生します。

内部不正が起きる理由① 機会

　不正行為をしても見つからない状況など、容易に実行できるような環境があることは**機会**が与えられているといえます。

　例えば、不正をチェックするための管理や監査などが行われているように見えて、実際は儀式的なもので形骸化している状況が考えられます。このような場合、つい手を出してしまう可能性があります。

内部不正が起きる理由② 動機、プレッシャー

　多額のローンなどをかかえている、ギャンブル癖や浪費癖があるなど、金銭的に困っているような**動機**が不正行為をする理由になる場合があります。「給料が安い」「人事評価が低い」といった処遇面への不満や、組織や内部の人間に怨みを持っていた場合も、内部不正につながるかもしれません。

内部不正が起きる理由③ 正当化

　不正行為をしても許されるだろう、自分は不正行為をやってもいいんだ、みんなこれぐらいやっている、些細なことだから許されるなど、自分の不正行為の実行を自ら認めようとする考え方が**正当化**です。

図1-7 **内部不正が起きやすい理由**

①データの保存場所を知っている
②データへのアクセス権限を持っている
③データの価値を理解している

図1-8 **不正のトライアングル（Donald Ray Cresseyによる）**

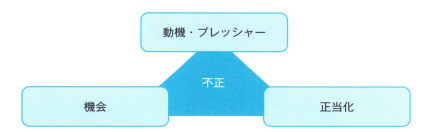

図1-9 **内部不正を減らす対策（状況的犯罪予防の理論を応用）**

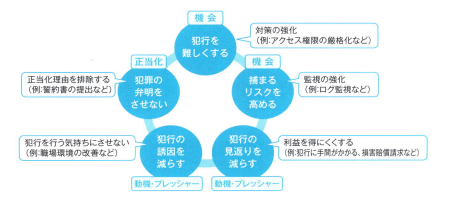

Point

- 機会、動機、正当化などの条件が整うと、誰もが内部不正を引き起こしてしまう可能性がある
- 動機や正当化から内部不正を防ぐ技術的な対策は難しいが、機会を減らすことはできる

セキュリティの三要素

情報セキュリティのCIA（三要素）

情報セキュリティマネジメントシステム（ISMS）に関する国際規格の日本語版であるJIS Q 27000では、「情報セキュリティ」を「情報の**機密性**（Confidentiality）、**完全性**（Integrity）及び**可用性**（Availability）を維持すること」と定義としています。それぞれの頭文字を取って、**情報セキュリティのCIA**と呼ぶこともあります。

許可されたものだけが使える「機密性」

許可されたものだけが利用できるように設計されていることを「機密性」が高いといいます。ここで、許可された「もの」というのは人だけではありません。コンピュータなどの機械に対しても、**アクセスの許可（権限）**を適切に与える必要があります（図1-10）。

内容が正しい状態を保つ「完全性」

改ざんや破壊が行われておらず、内容が正しい状態にあることを「完全性」が保たれているといいます。ファイルの中身が不正に書き換えられていないこと、ネットワークなどを経由する間に情報が失われていないことなどを証明する必要があります（図1-11）。

障害の影響を受けにくくする「可用性」

障害が発生しにくく、障害が発生しても影響を小さく抑えられ、復旧までの時間が短いことを「可用性」が高いといいます。機密性や完全性が維持されていても、システム自体が使えなくては意味がありません。サイバー攻撃を受けて**システムが停止すると可用性は損なわれる**ので、そうならないようにいつでも利用可能にする必要があります（図1-12）。

図1-10 機密性を保つ例

図1-11 完全性が損なわれる例

図1-12 可用性が低い例

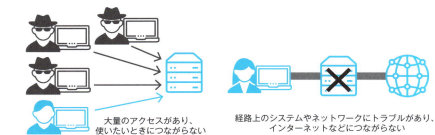

Point

- 三要素をすべて維持しなければ情報セキュリティとして不十分であり、リスクが発生しやすい状況だといえる
- 三要素にもとづいてチェックすることで漏れなく対策を実施できる

1-6 ················ 真正性、責任追跡性、否認防止、信頼性

三要素（CIA）以外の特性

セキュリティの追加要素

JIS Q 27000における情報セキュリティの定義では、三要素に加えて「**真正性**、**責任追跡性**、**否認防止**、**信頼性**などの特性を維持することを含めることもある」という注記が書かれています。

正しく記録し、確認できるようにする

作成された資料が第三者によるなりすましによって作成されたものであれば、その情報は正しいか判断できません。そこで、本人によって作成されたものであることを確かめるために、作成者に対して権限を付与し、誰が作成したのかを明確にすることを「真正性を確保する」といいます（図1-13）。

資料などを誰かが勝手に変更した場合、いつ誰が何に対してどのような作業を行ったのか、証拠を残しておく必要があります。これを責任追跡性といい、ネットワークやデータベースなどに対するアクセスログとして保存します。

また、ログを取得しているはずなのに取得できていない、通信を監視して不審な通信を止めているはずなのに侵入されているなど、システムが正しく動作していないと、想定した結果が得られない場合があります。このような故障などが発生しにくく、求める基準を満たしていることを「信頼性が高い」といいます。

本人の行為であることを示す「否認防止」

データが書き換えられたとき、その変更を行った人に確認しても、否認する場合があります。つまり、「やっていない」と言われる状況を防ぐことを否認防止といいます。作成時に電子署名[※2]を付加しておくと証拠となり、その事実を否認できなくなります（図1-14）。

[※2] 電子署名については**5-6**を参照。

24

図1-13 真正性のイメージ

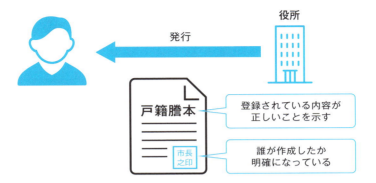

図1-14 否認防止

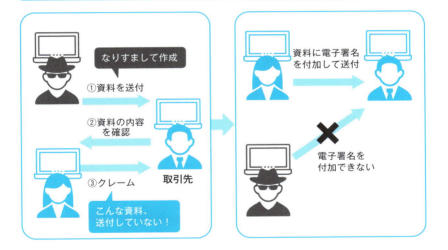

Point

- 情報セキュリティの定義として、機密性・完全性・可用性に加え、真正性・責任追跡性・否認防止・信頼性を含めることもある
- 真正性を確保するには、電子署名やタイムスタンプなどを使い、その内容が正しく、かつ誰が作成したかわかるようにする
- 否認防止のためには電子署名を用いることで、なりすましなどを防ぐことができる

コスト、利便性、安全性の考え方

安全性はコストや利便性と引き換え

企業でセキュリティに取り組むとき、「どこまで対応すればよいのかわからない」という問題があります。その背景には、実施する対策が組織によって異なるため、その内容のレベルや費用に対する目安となるものがないことが挙げられます。

例えば、不正アクセスによる情報漏えいを防ぐために、「重要なデータはネットワークに接続していないコンピュータに保存する」という対策を実施すると仮定します。安全性は高まりますが、そのデータにアクセスするためには、ネットワークに接続していないコンピュータを別途用意しなければなりませんし、複数の端末を操作する必要があります。

このように、安全性を追求すると、コストがかかるだけでなく、利便性が低下する可能性があります。逆にコストを抑えたり、利便性を追求したりすると、安全性が低下する恐れがあります（図1-15）。

このように相反する状況を**トレードオフ**といいます。セキュリティの必要性は理解していても、ビジネス面での優先度を考えると、利益を生まないセキュリティが後回しになっている現状もあります。

求められるバランス感覚

セキュリティを高めるために導入した設備が高価な場合、事前に費用対効果を考慮しておかないと、その設備で守るべき情報の価値に対して、設備費用の方が高くなってしまうことも考えられます。1万円を守るのに10万円の金庫を購入していては本末転倒で、**「情報が漏えいするリスク」**と**「情報を守るコスト」のバランス**を考えないといけません。

ただし、セキュリティ事件が発生してしまった場合には、システムの修正や復旧だけでなく、損害賠償やクレーム対応、企業イメージの回復策などに莫大なコストがかかります。これを考慮したうえで、セキュリティに対するバランスを検討する必要があります（図1-16）。

| 図1-15 | 各担当者の視点 |

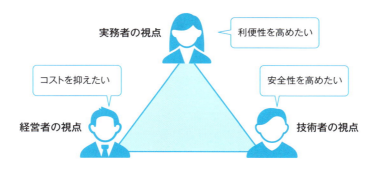

| 図1-16 | コストと利便性のバランスを調整する |

Point

- セキュリティを高めて安全性を追求すると、コストや利便性が犠牲になる。コストや利便性を優先すると、安全性が低下する
- 組織によって守るべき情報資産などは異なるため、リスクを分析・評価してバランスの取れた対策を実施する

1-8 アクセス権、認証、認可、最小特権

適切な人にだけ権限を与える

アクセスしてよいのは誰か?

同じ会社内であっても、ファイルやデータベース、ネットワークなどに誰もがアクセスできてよいものではありません。このため、特定の人に限定してアクセスできる権利を付与します。これをアクセス権と呼び、利用者単位や部署単位などで設定することが一般的です。

特定の個人を識別する「認証」

特定の個人を識別する方法を認証（Authentication）と呼びます。許可された利用者であるか判断する方法として、IDとパスワードを用いることが一般的です（図1-17）。最近では、IDカードや指紋などを使った認証方法も使われています。

アクセス権を制御する「認可」

認証された利用者に対してアクセス権の制御を行い、利用者に合わせた権限を提供することを認可（Authorization）と呼びます。書き換えが可能な権限だけでなく、参照だけが可能な権限を付与することもあります。適切な権限を付与しておかなければ、重要な情報に勝手にアクセスされる可能性があり、情報漏えいのリスクが増加します。

与える権限は必要最小限にとどめる「最小特権の原則」

必要最小限の権限だけを利用者に与えるという原則を最小特権の原則と呼びます。同一人物でも、普段は一般の利用者としての権限で業務を行い、管理者としての業務が必要な場合のみ一時的に権限を付与する、といった対応が考えられます。これにより、不正アクセスや情報漏えいが発生したときの被害を最小限に抑えることができます（図1-18）。

図1-17　　　　　　　　　認証と認可の違い

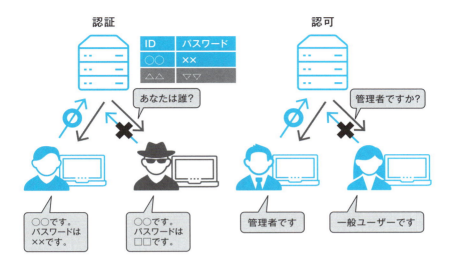

図1-18　　　　　　　特権、管理者権限とその管理

システムの停止や変更など非常に強力な権限を「特権」や「管理者権限」と呼び、悪用されると重大な問題が生じる恐れがある

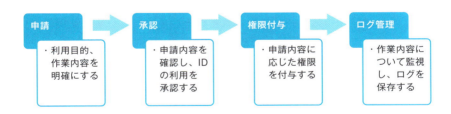

Point

- 「相手が誰か？」を識別するのが認証であり、その相手に合わせた権限を提供するのが認可である
- 不正アクセスや情報漏えいを防ぐために、できるだけ最小限のアクセス権で業務を行い、必要な場合のみ申請を経て特別な権限を付与する

1-9 .... 総当たり攻撃、辞書攻撃、パスワードリスト攻撃

≫ パスワードを狙った攻撃

短い文字数のパスワードは簡単に突破される

ログインIDを固定して、パスワードとしてさまざまな文字列を次々と試す攻撃は**総当たり攻撃（ブルートフォース攻撃）**と呼ばれます。例えば、4桁の数字であれば、0000、0001、0002、……というように順に試すと、正しいパスワードと一致した時点でログインできます（図1-19）。

単純な攻撃方法ですが、少ない文字数・文字種のパスワードを設定している場合に有効な攻撃方法です。

よく使われる単語は狙われやすい

ログインIDを固定して、事前に用意したパスワードを試す攻撃は**辞書攻撃**と呼ばれます。一般によく使われているパスワードを事前に用意しておくことで、効率よく攻撃を仕掛けるのがポイントです。

例えば、パスワードとしてよく使われるものとして、「1234」や「qwerty」、「password」などが挙げられます。また、一般的な辞書に載っているような単語がパスワードに使われることも多く、これらを使用している場合は簡単に破られる可能性があります。

パスワードの使いまわしは危険

長く複雑なパスワードは覚えるのが大変で、複数のサイトで同じパスワードを設定してしまいがちです。この場合、ログインIDとパスワードがなんらかの形で攻撃者の手に渡ってしまうと、複数のサイトに不正ログインをされてしまいます。

他の攻撃に対しては、「同じログインIDで連続してログインに失敗するとアカウントをロックする」といった対策が有効ですが、このような**パスワードリスト攻撃**では一度でログインできてしまう場合もあり、正常なログインと見分けがつきません（図1-20）。

図1-19 総当たり攻撃

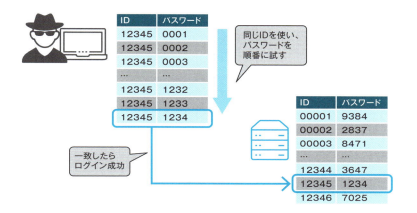

図1-20 パスワードリスト攻撃

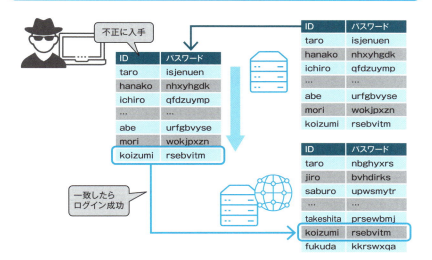

> **Point**
>
> - 総当たり攻撃や辞書攻撃の対策としては、同じIDで一定回数ログインに失敗するとアカウントを凍結する方法などが考えられる
> - パスワードリスト攻撃の場合は、一度の試行で成功する場合も多く、正常なログインとの区別が難しい

1-10 ワンタイムパスワード、多要素認証

» 使い捨てのパスワードで 安全性を高める

銀行などで多く使われている「ワンタイムパスワード」

Webサイトにログインするときなどに、一度限りのパスワードを使用する方法を**ワンタイムパスワード**と呼びます。アプリでスマートフォンの画面に表示するタイプや、メールで送信するタイプ、パスワード生成器を事前に配布するタイプなど、いろいろな方法があります（図1-21）。

一定時間が経過すると自動的に変更され、一度使われたパスワードは無効になるため、パスワードが盗まれてしまった場合でもワンタイムパスワードを知らない第三者はログインできなくなります。

ログイン時にスマートフォンなどに認証コードを通知する**二段階認証**も、ワンタイムパスワードに分類されることがあります。

複数の情報を組み合わせて認証する

銀行のATMなどに使われる暗証番号が、4桁程度の数字でも安全に利用者を識別できるのはなぜでしょうか。その理由は、キャッシュカードや通帳を「持っている」からです。コンピュータの場合も、IDやパスワードのように「知っているもの」と、IDカードなど「持っているもの」を組み合わせると安全性を高められます。

他にも、指紋など本人しか持ち得ない生体情報（バイオメトリクス）も利用できます。以上のように、認証に使える要素は**知識情報**、**所持情報**、**生体情報**に分類され、これらを**認証の三要素**と呼びます（図1-22）。

知識情報は忘れたり漏えいしたりするリスクがあり、所持情報は紛失や盗難に遭うといったリスクがあります。そこで、これらの要素を組み合わせてお互いの問題点を補完し合う**多要素認証**が使われています（組み合わせるものが2つの場合は**二要素認証**とも呼ばれます）。

二要素認証では、2つの要素が揃っていないと認証を完了できないため、たとえIDやパスワードが漏えいしてしまっても、もう1つの要素がない限り、攻撃者はログインできません。

図1-21　**ワンタイムパスワード**

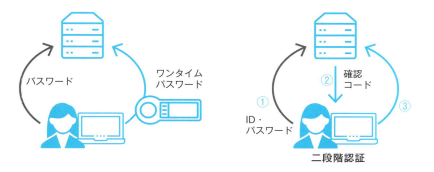

図1-22　**認証の三要素**

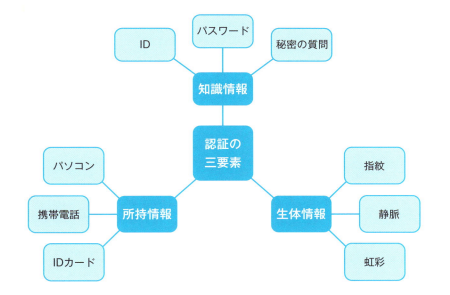

Point

- ワンタイムパスワードや二要素認証などを用いることで、パスワードが第三者に知られても不正なログインを防ぐことができる
- SNSなどでも二段階認証が設定可能なサービスが増えており、セキュリティを高めるためにも設定は必須である

1-11 リスクベース認証、CAPTCHA

≫ 不正なログインから守る

普段と異なる場所からのアクセスを判定する

日本からアクセスしている人が同時に突然海外からログインした場合、同じ人がアクセスしているとは思えません。そこで、利用者のIPアドレスなどを使って位置情報を判定し、普段とは異なる場所からアクセスされた場合に「不正アクセスのリスクが高い」と判定する方法をリスクベース認証と呼びます。

リスクが高いアクセスだと判定された場合には、追加でパスワードを求める、不審なログインがあったことをメールで通知するなどの方法により、なりすましを防ぎます（図1-23）。

二段階認証などを設定すると毎回の認証が面倒だと感じるかもしれませんが、前回と同じ端末、同じWebブラウザ、同じIPアドレスからのアクセスなどの場合には、何度も認証しなくてもログインできて便利に使えるサービスが増えています。

コンピュータによる自動処理を防ぐ

コンピュータを悪用した機械的なログインや投稿を防ぐために使われるCAPTCHAという画像があります（図1-24）。表示された画像内の文字を読み取って入力する方式で、**画像の文字列は人間なら簡単に認識できるが、コンピュータにとっては難しい**という特徴を利用しています。

人間は図1-24のような変形した文字も推測して読み取れるため、画像に表示された文字が正しく入力されたら人間による手作業の登録である、と判断しています。

最近では、人間を判定する方法として、画像をパズルのように組み合わせる方式や、表示した多くの写真の中から自動車や店舗の写真を選択させる方式なども登場しています。

34

図1-23　リスクベース認証で送信されるメールの例

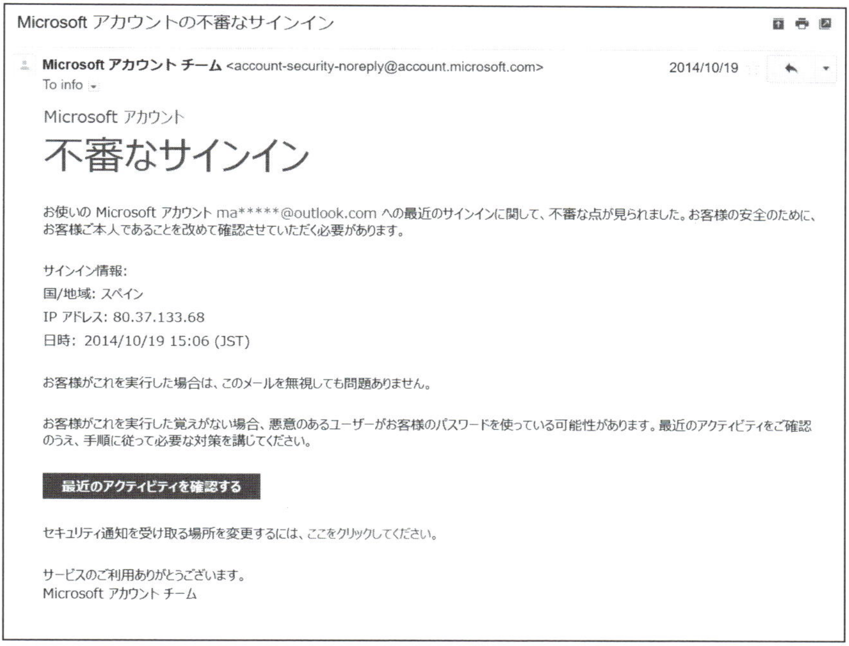

Microsoft アカウントの不審なサインイン

Microsoft アカウント チーム <account-security-noreply@account.microsoft.com>　2014/10/19
To info

Microsoft アカウント

不審なサインイン

お使いの Microsoft アカウント ma*****@outlook.com への最近のサインインに関して、不審な点が見られました。お客様の安全のために、お客様ご本人であることを改めて確認させていただく必要があります。

サインイン情報：
国/地域：スペイン
IP アドレス：80.37.133.68
日時：2014/10/19 15:06 (JST)

お客様がこれを実行した場合は、このメールを無視しても問題ありません。

お客様がこれを実行した覚えがない場合、悪意のあるユーザーがお客様のパスワードを使っている可能性があります。最近のアクティビティをご確認のうえ、手順に従って必要な対策を講じてください。

　最近のアクティビティを確認する　

セキュリティ通知を受け取る場所を変更するには、ここをクリックしてください。

サービスのご利用ありがとうございます。
Microsoft アカウント チーム

図1-24　CAPTCHAで使われる画像のイメージ

Point

- リスクベース認証は利用者側に大きな負担をかけずに、不審なアクセスを防ぐ有効な手段である
- CAPTCHA は人間にとっても面倒な作業である一方、機械的なログインを防ぎ、安全性を高めることができる

シングルサインオン、パスワード管理ツール

パスワードを取り巻く環境の変化

ログイン情報を流用できる「シングルサインオン」

　サービスやアプリケーションごとにIDとパスワードを覚えるのは大変なので、いずれかのサービスでログインした情報を他でも使えると助かります。そこで、あるサービスでログインした認証情報を他のサービスでも使えるように事前に設定しておくことで、何度もログインしなくても済むようにするのが**シングルサインオン**です（図1-25）。

　利用者にとっては複数のIDやパスワードを覚えておく負担から解放され、管理者としては守るべきシステムを絞り込んで効率よく管理できます。ただし、**第三者によってあるサービスに勝手にログインされてしまうと、連携しているすべてのサービスにアクセスされる**可能性があります。

パスワードの使いまわし防止に役立つツール

　複雑なパスワードを生成し、どのサイトでも異なるパスワードを設定しようとすると、使用しているIDとパスワードの組が大量になり、覚えておくのは現実的ではありません。

　付箋に書いて他人の見えるところに貼っておくのはもってのほかですが、第三者にわからない書き方で手帳など紙のメモとして保存しておくのは1つの方法です。ただし、ネットワーク経由で盗まれる恐れがないメリットがある一方で、紛失や盗難の可能性があることには注意が必要です。

　そこで**パスワード管理ツール**を使う方法が考えられます。多くはマスターパスワードと呼ばれるパスワードを1つ覚えておくだけで、パスワード情報を一元管理できます（図1-26）。

　スマートフォンのアプリなども多く登場しており、パスワードの入力が必要な場合に自動入力してくれる機能、複数の端末間でパスワード情報を同期する機能、マスターパスワードとして指紋認証を使う機能などが用意されています。

図1-25　シングルサインオン

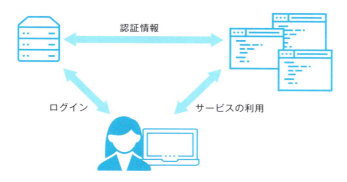

図1-26　パスワード管理ツール

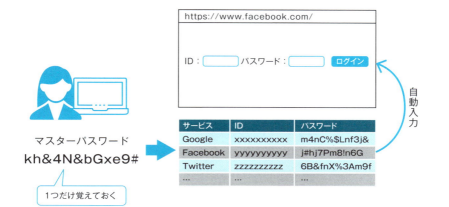

Point

- 複数のサービスで異なるパスワードを運用する負担を下げる方法として、シングルサインオンやパスワード管理ツールがある
- シングルサインオンに対応していないサービスは多く、複数のサービスで異なるパスワードを使うには、パスワード管理ツールが現実的な対策だといえる

1-13 .... 指紋認証、静脈認証、虹彩認証、顔認証

» 個人の身体的情報を利用する

スマートフォンにも広がる「指紋認証」

指紋認証は、古くから使われてきた認証方法です。最近ではスマートフォンにも搭載され、企業向けのコンピュータや入退室管理などでもセキュリティを高めるために搭載されています。

指が濡れた状態ではうまく読み取れない場合がある、寝ている間に家族が指を当てて認証されるなどの問題点はありますが、一般的な利用においては十分に個人を認証する手段として有効です。

指紋認証よりも精度が高い「静脈認証」

指が濡れた状態でも認証できる方法としては、静脈認証があります。手のひらや指などの血管にある静脈のパターンを読み取る方式で、指紋認証よりも精度が高いとされています。静脈は体内にあるため、**他人が容易に知ることができない**、**物理的な偽造が困難である**、というメリットもあります。一方で、機器のサイズや導入コストの問題などが指摘されています。

普及が期待される「虹彩認証」や「顔認証」

虹彩認証は目を使った認証方法です。目の虹彩は一生涯ほとんど変化しないため、再登録が不要だというメリットがあります。また、他人受入率（他人を本人と認識してしまう確率）が指紋認証よりはるかに低いという特徴もあります。ただ、導入コストが高いというデメリットもあります。

特殊な装置が不要な生体認証として顔認証が挙げられます。スマートフォンなどのカメラは解像度が向上しているため、導入が容易だという特徴があります。WindowsやiPhoneでログインに使われ始めており、普及が期待されています。

なお、生体認証には図1-27、図1-28のような課題もあります。

38

図1-27 **生体認証のトレードオフ**

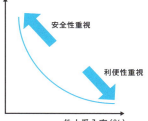

出典：情報処理推進機構（IPA）「生体認証導入・運用の手引き」
（URL： https://www.ipa.go.jp/security/fy24/reports/bio_sec/documents/bio_guide_24.pdf）

図1-28 **生体認証の課題**

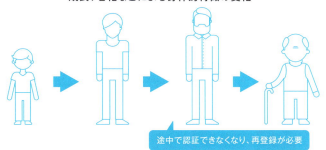

Point

- スマートフォンの普及などもあり、指紋認証や顔認証などの生体認証が使われる場面は増えている
- 生体認証にも課題があり、それを理解して使う必要がある

やってみよう

インターネットに接続するだけで わかってしまう情報を知ろう

　インターネットでWebページにアクセスしているとき、閲覧するだけであれば匿名でアクセスできているように思えます。しかし、サーバの管理者からは、アクセスしてきた人の情報がいくつか見えています。

　検索サイトで「確認くん」とキーワードを入れて検索してみると、いくつかサイトが表示されます。この中からいずれかにアクセスしてみてください。

あなたの情報（確認くん）	
情報を取得した時間	2018年 07月 04日　PM 19　時 54分 22秒
現在接続している場所(Server)	www.ugtop.com
あなたのＩＰアドレス(IPv4)	106.181.201.172
ゲートウェイの名前	kd106181201172.au-net.ne.jp
OSの解像度	1680 x 1050pix
現在のブラウザー	Mozilla/5.0 (Macintosh; Intel Mac OS X 10_13_5) AppleWebKit/605.1.15 (KHTML, like Gecko) Version/11.1.1 Safari/605.1.15 表示サイズ： 1680 x 942pix
クライアントの場所	(none) / (none)
クライアントＩＤ	(none)
ユーザ名	(none)
どこのURLから来たか	https://www.google.com/

　表示されたサイトを見てみると、アクセスした人の情報として、IPアドレスやブラウザの情報、OSや画面の解像度、どこのURLから来たか、などの情報が表示されます。

　IPアドレスがわかると、使用しているプロバイダも判明します。JavaScriptを使って位置情報の取得を許可すると、どこからアクセスしているか、緯度や経度までわかります。このような情報がサーバ管理者に把握されているのです。

　URLを指定して直接アクセスした場合、検索サイト経由でアクセスした場合、パソコンでブラウザを変えた場合、スマートフォンでアクセスした場合など、どのように結果が変わるのか試してみてください。

第2章

ネットワークを狙った攻撃
~招かれざる訪問者~

2-1 .... 盗聴

» データの盗み見

ネットワーク上の覗き見

インターネットを使うときの不安として、個人情報の扱いが挙げられます。SNSなどで個人情報をできるだけ公開しないようにしていても、買い物をして配送が必要な場合は氏名や住所、電話番号などを入力する必要があります。

このとき、ショッピングサイトなどからの情報漏えいについては、事業者を信頼するしかありません。しかし、入力した個人情報がネットワーク上で覗き見られる可能性があります。このような覗き見のことを盗聴と呼びます（図2-1）。

ネットワーク上のどこで盗聴されるのか?

盗聴を防ぐには、第5章で解説する「暗号化」や、他の人が接続できない専用線のようなネットワークを使います。どのような対策が有効なのか判断するために、盗聴が行われる場所を考えてみましょう。

1つは、ネットワークをつなぐ通信機器です。わかりやすい例としてルータやスイッチなどが挙げられます。盗聴ではありませんが、不審な通信が行われていないか、管理者が内容を確認することがあります。これは、誰がどこにアクセスしているのか、その中身を見ることができるしくみがあるということです。

もう1つは無線LANやLANケーブル、専用線などの伝送媒体です。無線LANでは通信を暗号化する設定が一般的ですが、その暗号化範囲はPCやスマートフォンなどの端末から無線LANルータまでの間だけです（図2-2）。専用線の場合は、オフィス間などをつなぐことが一般的で、オフィス内の通信は別途対策が必要です（図2-3）。

つまり、**ルータから先のインターネットとの間に通信機器を設置されたり、オフィス内に機器を設置されたりした場合には、技術的には盗聴が可能**です。そこで、経路上での盗聴を防ぐために、経路の一部で暗号化するだけでなく、データを暗号化する必要があります。

42

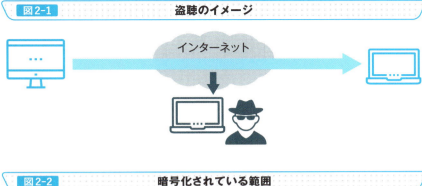

図2-1 盗聴のイメージ

図2-2 暗号化されている範囲

無線LANの暗号化だけでは、ルータからインターネットの範囲は暗号化されない

無線LANの暗号化

入力フォーム（SSL）やパスワード付きファイルの送信などデータの暗号化

経路上では接続先の情報はわかるが、通信内容は盗聴できない

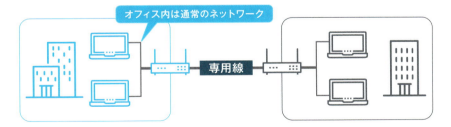

図2-3 専用線の範囲

オフィス内は通常のネットワーク

専用線

Point

- 盗聴を防ぐためには、どの範囲で盗聴が可能なのか考える必要がある
- 暗号化は盗聴を防ぐのではなく、「盗聴されても中身がわからないようにする」工夫である
- 暗号化されていない場合、通信機器の管理者は通信内容を閲覧できる

2-2 .... 改ざん

» データの信頼性を脅かす攻撃

データを書き換えられる「改ざん」

個人情報でなければ、途中の経路で盗聴されても「特に被害はない」と感じるかもしれません。しかし、他愛のない会話であっても、途中で書き換えられてしまうと、送信した内容とまったく異なる内容が相手に届いてしまうかもしれません。

このように伝送途中のデータを書き換えられてしまうことを改ざんといいます（図2-4）。メールの文章を書き換えられる程度であれば、やりとりの最中に気づくかもしれませんが、購入した商品の数量を書き換えられて、10倍、100倍の数が発注されていたらどうでしょう。購入者はもちろん、店舗や配送業者も巻き込んだ問題になってしまいます。

通信が暗号化されていれば問題ないと考えてしまいがちですが、第5章の**5-14**で登場するように、「中間者攻撃」をされる可能性もあります。この場合、送受信者の双方がまったく気づかない状況も考えられます。

Webサイトが書き換えられる被害も多発

途中の経路ではなく、ファイルなどが書き換えられる改ざんもあります。例えば、Webサイトの更新に使われる**FTPアカウント**が乗っ取られると、Webサイトのコンテンツが書き換えられます（図2-5）。また、データベースのアカウントが乗っ取られると、その権限でアクセスできるデータベースの内容が書き換えられます。

このように、**Webサーバの管理者権限や、コンテンツの更新権限が奪われると、その権限でアクセス可能なコンテンツを改ざんすることが可能**です。また、偽サイトを作成し、本来のサイトへのアクセスを自動的に偽サイトに誘導させるような方法も考えられます。

実際に官公庁のサイトが書き換えられ、政治的なメッセージが表示された事例や、サイトを閲覧しただけでウイルスに感染した事例などが報告されています。

図2-4　改ざんのイメージ

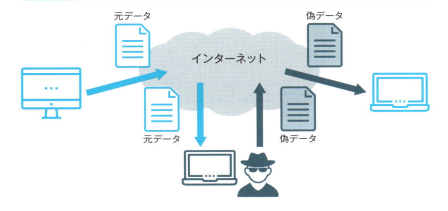

図2-5　Webサイトの改ざんの例

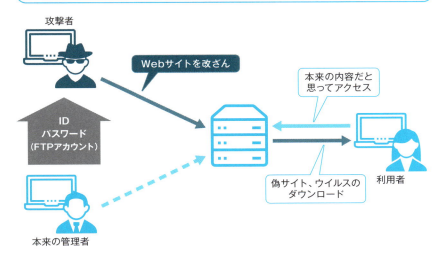

Point
- 伝送途中のデータが改ざんされても、利用者が気づかない場合がある
- Webサーバの管理者権限が奪われると、偽サイトやウイルスをダウンロードさせられる可能性がある

2-3 なりすまし

》 特定人物になりすます

他人のふりをして活動する「なりすまし」

　ブログやSNS、ショッピングサイトなどのサービスを利用している際に、IDやパスワードが漏れてしまうと、本人以外でもサービスにログインできてしまいます。このように、「他人のふりをして活動すること」を**なりすまし**といいます（図2-6、図2-7）。

　インターネットバンキングで不正送金されたり、ショッピングサイトなどで勝手に商品を購入されたりしてしまうと、その被害は計り知れません。場合によってはメールも送受信される可能性があります。

　他にも、特定のIPアドレスからしか接続できないようなサービスに対し、自分のIPアドレスを偽装して接続するような方法は**IPスプーフィング**などと呼ばれています。

SNSのなりすましは防ぐのが難しい

　IDやパスワードを盗まれるのが怖い、個人情報が漏れるのが怖い、といった理由でTwitterやFacebookなどのSNSを利用していない人がいますが、この場合にもなりすましが発生します。

　例えば、勝手に本人の名前を名乗ってアカウントを作成されてしまうことがあります。芸能人などの著名人の場合に多く発生しており、本人が否定することで発覚することは珍しくありません。

　本人が知らないところでなりすまされて友達がだまされているかもしれませんし、勝手に悪意ある投稿をされてしまうと、本人は何もしていないのに悪者になる恐れもあります。これを防ぐために、**SNSのアカウントを取得だけしておく**のは1つの対策だといえます。

　特に企業の場合、勝手にアカウントを作成されると被害は非常に大きくなります。自社のWebサイトで正規のアカウントを知らせる、Twitterなどの場合には認証済みアカウント（図2-8）を取得する、発信するメールに電子署名※1を付加するなどの対策が求められています。

※1　電子署名については**5-6**を参照。

| 図2-6 | なりすましの例 |

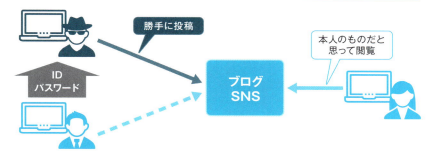

| 図2-7 | SNSでのなりすましの例 |

 今忙しい？

いえ、大丈夫ですが何でしょう？

 私のLINEが故障、友達の携帯認証が必要だ。電話番号を教えてくれる？

| 図2-8 | 認証済みアカウントの例 |

Point

- IDやパスワードを盗まれなくても、勝手にアカウントを作成されている場合がある
- 利用者としても、なりすましのアカウントから発信されていないか注意する必要がある

2-4 不正アクセス

≫ 法律による不正アクセスの定義

不正アクセス禁止法による定義

なりすましのように、不正に入手した他人のIDやパスワードを使ってログインするような行為は**不正アクセス**に該当します（図2-9）。不正アクセス禁止法（不正アクセス行為の禁止等に関する法律）では、不正アクセスの定義が書かれています。難しい言葉が使われていますが、シンプルに書くと、以下のような行為が該当します（図2-10）。

- 他人のIDやパスワードを勝手に使って、システムを利用する行為
- システムの不具合などを悪用して、アクセス制限を回避してシステムを利用する行為
- 目標のシステムを利用するために、そのネットワークにある他のコンピュータでのアクセス制限を回避してシステムを利用する行為

いずれも「電気通信回線を通じて」アクセスしていることが前提となっています。つまり、インターネットやLANなどの**ネットワークを通じて不正なアクセスを行った場合に処罰の対象**となります。被害が発生しなくても他人のID・パスワードを使って不正アクセスをした時点で犯罪です。ただし、必要なときに管理者が行う場合などは除外されています。

なお、ネットワークを経由せず、コンピュータのキーボードを直接操作して無断で使用するような行為は不正アクセスには当たりません。

管理者には不正アクセスを防ぐ努力義務がある

脆弱性のあるサーバを狙って不正アクセスを行う場合、ツールを使って調査することが一般的なので、有名な会社であるかどうかは、攻撃を受けるかどうかとは無関係です。中小企業や利用者が少ないようなサービスであっても安心はできません。不正アクセス禁止法では、不正アクセスが行われにくい環境の整備を管理者に求めています。

図2-9 平成28年における不正アクセス後の行為別認知件数

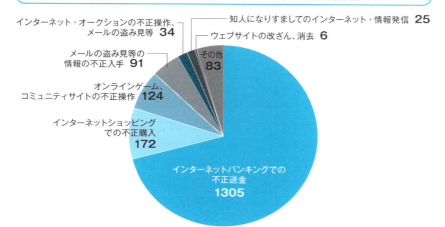

出典：国家公安委員会、総務省、経済産業省「不正アクセス行為の発生状況及びアクセス制御機能に関する技術の研究開発の状況」（URL：https://www.npa.go.jp/cyber/pdf/h290323_access.pdf）

図2-10 不正アクセス

Point

- 不正アクセスはネットワーク経由でのアクセスが前提となる
- 被害が発生しなくても他人のIDやパスワードを使って不正アクセスをした時点で犯罪となる

2-5 乗っ取り

≫ 無実の人が加害者に

遠隔操作のイメージと現実

コンピュータの**乗っ取り**という言葉を聞くと、いわゆる**遠隔操作型マルウェア**事件がすぐに思い浮かぶかもしれません。2012年に発生した事件で、マルウェアに感染したコンピュータに不正な指令を送って遠隔操作し、掲示板などに犯行予告を投稿したものでした（図2-11）。

「遠隔操作」という言葉からイメージするのは、画面を支配され、勝手にマウスカーソルが動いて……という状況でしょうか。このような動作があると、利用者は不正に気づくことができそうです。しかし、実際はそんなに目に見えるような形では行われません。

上記の事件では、本人はマルウェアに感染したことに気づいておらず、知らないうちに犯行予告を投稿したことになっていました。感染したコンピュータの所有者が逮捕され、大きな話題になりました。

このような動作をさせるには、ウイルスである必要はありません。攻撃者は、**攻撃対象のコンピュータを不正な動作をするサーバにアクセスさせればよいだけ**です。

自宅の無線LANが乗っ取られる「電波泥棒」

最近では、街の中でも公衆無線LANが提供されている場所が増えてきました。一方で、家庭で用いられている無線LANルータのセキュリティの甘さから、「ただ乗りをされている」という話をよく聞きます。

「電波泥棒」と呼ばれることもありますが、家庭内の無線LANルータを初期設定のまま使っていると、他人がアクセスできる可能性が高まります（図2-12）。

ただ使われるだけであれば大きな影響はないと思うかもしれませんが、問題なのは犯罪に使われる恐れがあるということです。**外部のサイトへの攻撃に使われると、誰がその行為をしたか調べるのは困難**です。

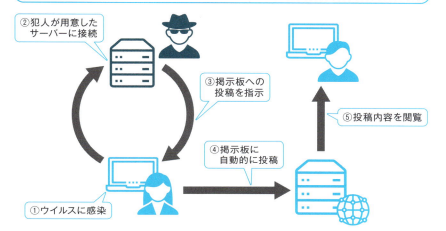

図2-11　遠隔操作の例

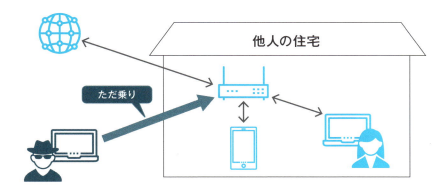

図2-12　電波泥棒

Point

- 遠隔操作は本人が気づかない間に行われており、ウイルスに感染させなくても実行できる
- 他人の住宅に設置されている無線LANルータにただ乗りされ、犯罪に使われる恐れがある

2-6 .... バックドア、rootkit

≫ 攻撃のための裏口を設置

2度目の攻撃を容易にする「バックドア」

攻撃者が外部からサーバを攻撃し、侵入に成功したとします。このとき、侵入が成功してそれで終わりではありません。侵入に気づかれていない場合はもちろん、気づかれた場合でも、その後に新しい情報を求めて何度も侵入することを攻撃者は考えます。

このため、次回以降の侵入を簡単にするために、**バックドア**と呼ばれるソフトウェアなどを攻撃者が導入することがあります。バックドアがあれば、不具合が修正されたり、管理者のIDやパスワードを変更されたりしても容易にログインできます（**図2-13**）。

バックドアの設置方法としては、システムへの不正侵入だけでなく、不正プログラムのダウンロード（**図2-14**）や、メールの添付ファイルを開いたことによるウイルス感染も考えられます。

バックドアが設置されると、既存の設定ファイルやソフトウェアが書き換えられます。ファイルの設置や改変を伴うため、各社が提供している**改ざん検知ツール**などを利用すると、設定ファイルなどが改ざんされた場合に検知するように設定でき、侵入の発見につながります。

不正を行うプログラムの詰め合わせ「rootkit」

外部から不正に侵入した攻撃者が利用するツールとして**rootkit**が有名です。名前の通り、rootと呼ばれる**管理者権限を使ってシステムを改ざんするようなツールの集まり**で、攻撃を隠すために使われます。

ログを改ざんして侵入を気づかれないようにする、システムコマンドを書き換える、ネットワークを盗聴する、利用者のキー入力を記録する、といったさまざまなツールがまとめられています（**図2-15**）。

rootkitを検出、除去するためのツールも開発されていますが、他のウイルス対策ソフトと同様、対策とのいたちごっこが続いています。

図2-13 バックドア（外部からの攻撃）

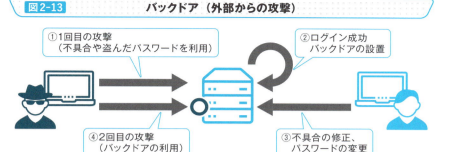

図2-14 バックドア（不正なプログラムのダウンロード）

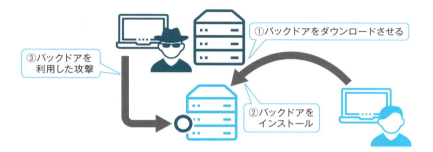

図2-15 rootkit

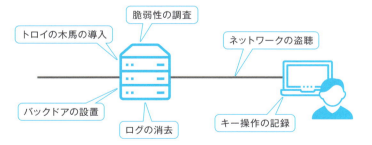

Point

- 攻撃者はバックドアを設置して何度も侵入を狙う場合がある
- rootkitは不正を行うプログラムの詰め合わせである

2-7 ························· DoS攻撃、DDoS攻撃、ボットネット、メールボム

≫ 負荷をかけるタイプの攻撃

大量の通信でネットワークを麻痺させる攻撃

　一時的に大量の通信を発生させることにより、対象のネットワークを麻痺させてしまう攻撃は、DoS（Denial of Service）攻撃やサービス拒否攻撃と呼ばれています。「いたずら電話がたくさんかかってきて、必要な電話に出られない状態」と考えるとイメージしやすいでしょう。

　Webサーバのように外部に公開されている場合、その規模にかかわらず攻撃の対象になります。DoS攻撃は1台のコンピュータからの攻撃ですが、多数のコンピュータが1台のコンピュータに攻撃を行うことは特にDDoS（Distributed Denial of Service）攻撃といいます。

　DoS攻撃であれば、該当のコンピュータからの通信を拒否すれば対応できますが、DDoS攻撃では多数のコンピュータが相手ですので、拒否することは現実的ではありません。

コンピュータの乗っ取りによるDDoS攻撃

　DDoS攻撃を仕掛けるには多くのコンピュータが必要になりますが、攻撃者が自分で用意する代わりに、他人のコンピュータを乗っ取って悪用する方法もあります。ウイルスに感染するなどして、外部からインターネット経由の指令で操られる状態になったコンピュータをボットといい、これらのコンピュータの集まりをボットネットと呼びます（図2-16）。

　使用者が気づかないうちにボットネットに入ってしまっている場合もあり、**知らない間に加害者になっている**可能性もあります。

大量のメールで受信ボックスがいっぱいになる「メールボム」

　メールボムはスパムメールの一種で、メールボックスの容量を使い切るほどの大量のメールを送信することを指します（図2-17）。ただ、迷惑メールのフィルタリング機能が高機能化していることや、メールボックスの大容量化などもあり、最近ではあまり見られなくなっています。

図 2-16　**ボットネットによるDDoS攻撃**

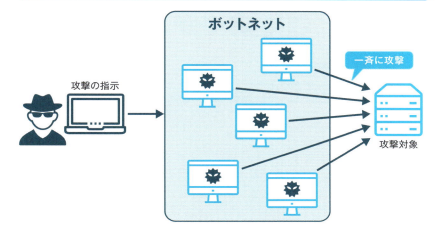

図 2-17　**メールボム**

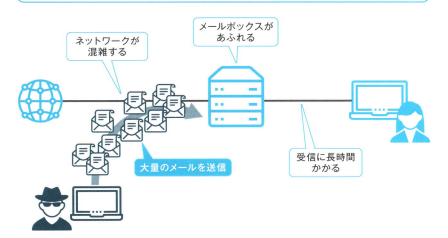

> ## Point
> - ボットネットによるDDoS攻撃は相手を特定するのが難しい
> - 大量のメールが送信されるメールボムは、業務への影響が大きいが、迷惑メールフィルタなどの進化により最近は減っている

2-8 　　　　　　　　　　　　　　　　　　　入口対策、出口対策、多層防御

≫ 攻撃をどこで防ぐか

攻撃の4ステップと対策

ウイルスを使った攻撃には次の4つのステップがあります（図2-18）。

①侵入：社内のPCにウイルスを感染させる
②拡大：社内のネットワークに感染したPCを増やす
③調査：機密情報を持っていそうなPCやサーバを探す
④取得：機密情報を抽出して、外部に送信する

　このステップをどこかで断ち切れば、重大な被害が出る前に対処できます。まず考えるのは入口対策です。「ウイルスの侵入を防ぐ」「侵入されても感染しない」という対策ができれば理想的ですが、標的型攻撃などを考えると、**ウイルス対策ソフトとファイアウォールだけでは侵入を完全に防ぐことは困難**です。そこで、情報の破壊や漏えい、他者への攻撃といったことを起こさないように対策します。例えば、ネットワークを分離して被害が広がる範囲を限定したり、管理者権限を必要最低限にしたり、ファイルの共有を制限したりするのは有効な対策です。
　また、外部に機密情報を送信されないようにする、送信されても影響が出ないようにする、という考え方が出口対策です。業務が停止するなどの影響があっても、社内だけにとどめれば被害を最小限に抑えられます。

複数の対策を組み合わせて効果を上げる

　入口対策や出口対策のような対策を行うのは、ウイルス感染に対するものだけではありません。Webアプリケーションを提供している企業などの場合、外部から攻撃を受けることがあります。
　このとき、1つの対策だけでなく、複数の対策を組み合わせることは多層防御と呼ばれ、攻撃を防ぐ効果が上がるほか、攻撃に対応するための時間を稼ぐことにもつながります（図2-19）。

図 2-18 ウイルス感染から情報漏えいまでの流れ

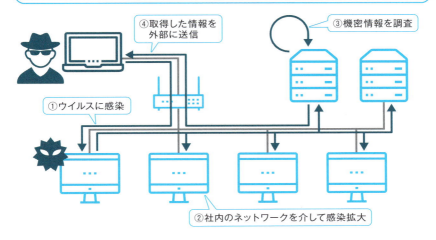

図 2-19 多層防御の例

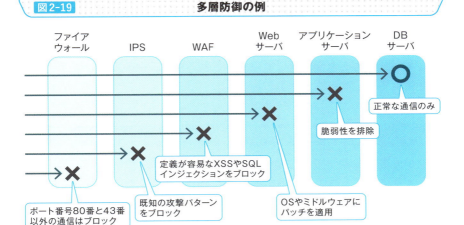

Point

- 標的型攻撃などの手法が増えているため、入口対策だけでなく出口対策も必要である
- 外部からの攻撃を防ぐためには、複数の対策を組み合わせた多層防御が有効である

2-9 ファイアウォール、パケットフィルタリング

》 不正アクセス対策の基本

インターネットと社内ネットワークを分割する

インターネットと社内ネットワークの境界に設置して、社内ネットワークの門番の役割を担うネットワーク機器を**ファイアウォール**と呼びます。インターネットと社内ネットワークの間でやりとりされる通信データを監視し、あらかじめ決めたルールによって、データの転送を許可するかどうかを決めます（図2-20）。このとき、外部からの通信を遮断するだけでなく、外部に向けての通信も遮断できます。

ファイアウォールの機能は製品によって大きく異なります。通信内容の宛先として記述された情報だけを見て、可否を判断する製品もあれば、通信内容の中身まで詳しく検査する製品もあります。

ただし、通過する電子メールなどの内容までファイアウォールが理解しているわけではないため、ウイルスをダウンロードしたり、メールに添付されていたりする場合は通してしまいます。別途、ウイルス対策ソフトなどを使用する必要があります。

必要なパケットだけを通すようにする

パケットフィルタリングは、送信元や宛先のIPアドレスやポート番号をチェックして、通信を制御する機能です。例えば、社内にある特定のサーバにだけ外部からの通信を許可する場合は、宛先がそのサーバになっている通信だけを許可します。同様に、社内にある特定のコンピュータのみ外部と通信できるようにしたい場合は、送信元のアドレスをチェックして通信を許可します。

特定の通信を許可するためには、IPアドレスだけでなく、**HTTPやHTTPSといったプロトコル単位で制御することも可能**です。例えば、HTTPの場合はポート番号として80番、HTTPSの場合は443番だけを許可する、といった設定が可能です（図2-21）。

図2-20 ファイアウォール

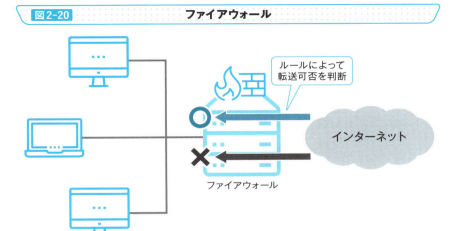

図2-21 パケットフィルタリング

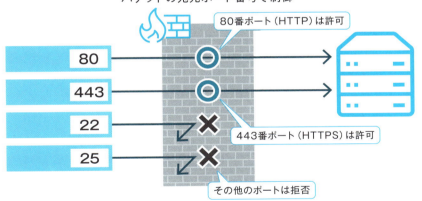

Point

- 不正アクセスを防ぐために、決められたルールに従って通信を遮断するファイアウォールが使われる
- ファイアウォールでは、パケットフィルタリングなどの機能を用いて通信内容を制御する

2-10 パケットキャプチャ

》 通信の監視と分析

「パケットキャプチャ」で通信内容を監視

ネットワークを流れる通信内容を調べるためにパケットを採集することをパケットキャプチャと呼びます。ネットワークに問題が発生した場合の調査に使われるだけでなく、不審な通信が行われていないかチェックするために使われる場合もあります。

パケットキャプチャを行う方法として、「使っているコンピュータで送受信されるパケットを調べる方法」と「リピータハブや一部のスイッチングハブを流れるパケットを調べる方法」があります（図2-22）。

リピータハブは複数のポートを持つネットワーク機器で、あるポートから入力された信号をすべてのポートに伝えます。つまり、同じリピータハブに接続している他のコンピュータの通信を閲覧できます。

一方、スイッチングハブは必要なポートにしか信号を伝えませんが、一部の機種にはミラーリングポートと呼ばれるポートがあります。ミラーリングポートに接続すれば、そのスイッチングハブに接続している他のコンピュータの通信を閲覧できます。

最近はリピータハブがほとんど使われていないため、一般的にはスイッチングハブのミラーリングポートを使います。

無料ツールでもキャプチャできる

パケットキャプチャツールとしてよく使われているのがWiresharkです（図2-23）。オープンソースで開発されているため、誰でも無料で利用でき、さまざまなOSに対応しています。

Wiresharkの公式サイト（https://www.wireshark.org/）にアクセスすると、使っているコンピュータのOSに合った最新版をダウンロードできます。Wiresharkを用いると、パケットをキャプチャできるだけでなく、通信についてさまざまな分析ができます。例えば、通信で使われたプロトコルの種類と割合を集計することが可能です。

図 2-22 パケットキャプチャの方法

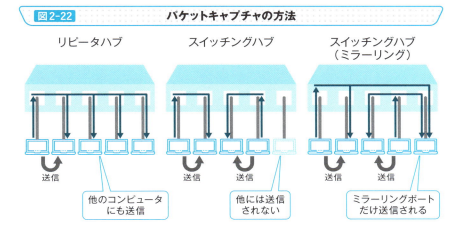

図 2-23 Wiresharkによるプロトコル階層統計

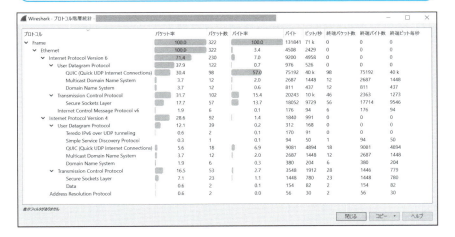

Point

- パケットキャプチャによりネットワーク上を流れているパケットを調べられる
- よく使われているパケットキャプチャツールとしてWiresharkがあり、無料で使用できる

2-11 .... IDS、IPS

》 外部からの侵入を検知・防止する

外部からの侵入を検知する

外部からの不正なアクセスを防ぐためにはファイアウォールを使いますが、単純には正常の通信と区別できないことがあります。例えば、Webサーバに大量のアクセスを短時間に行う場合が考えられます。

このような方法で外部から攻撃を受けたことを検知するために、IDS（Intrusion Detection System：侵入検知システム）が使われます。IDSには、ネットワーク型IDS（NIDS）とホスト型IDS（HIDS）があります。

NIDSはネットワークに設置するIDSで、いわゆる監視カメラのイメージです（図2-24）。あくまでも監視するだけなので、侵入されたことを検知することはできますが、侵入を防ぐことはできません。NIDSはパターンマッチングなどの方法を用いて不正な通信を検出するほか、通常の利用ではあり得ないような通信を異常として検出します。

HIDSはホスト（コンピュータ）に設置するIDSで、自宅内に設置するホームセキュリティのセンサーをイメージするとわかりやすいでしょう（図2-25）。センサーでとらえる領域になんらかの変化が発生したことを検出して通知します。HIDSは個々のコンピュータへの導入が必要なため、運用の負担は大きくなりますが、検出できることは多くなります。

外部からの侵入を防止する

IDSは侵入を検知するだけなので、対策が後手に回りがちです。発覚して対処するときにはすでに機密情報が流出した後かもしれません。

そこで、IPS（Intrusion Prevention System：侵入防止システム）の導入も検討します。IPSは、電車に乗るときに使う自動改札機のようなイメージです（図2-26）。不正と判断した乗客を止めるように、不正な通信がIPSを通過しようとした場合に検知し、その通信を遮断します。

IPSは侵入だと判断した通信を遮断するため、誤検知が発生すると業務に影響が出ます。それを避けたい場合にはIDSが使われます。

図 2-24　NIDS

図 2-25　HIDS

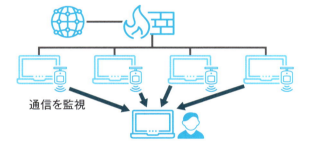

図 2-26　IPS

> **Point**
> - IDS には NIDS と HIDS があり、不正検出や異常検出ができる
> - IPS を使うと不正な通信を遮断できるが、誤検知に対する考慮が必要

2-12 .... UTM、SIEM

》 集中管理で対策効果を上げる

1つのハードウェアでセキュリティを向上できる「UTM」

ファイアウォールやIDS／IPS、ウイルス対策ソフトなどを個別に導入すると、その運用には大きな負荷がかかります。そこで、これらを1つの製品としてまとめたのが**UTM**（Unified Threat Management：**統合脅威管理**）です（**図2-27**）。

1つのハードウェアでセキュリティを向上させられるため、中小企業など管理に時間や人員を用意できない場合に多く使われています。一方で、1台に通信が集中することでスループット※2が低下する、障害が発生した場合に影響が大きくなる、といったデメリットもあります。

管理者がインシデントに気づくための「SIEM」

UTMを使用しても、すべての攻撃を防ぐことはできません。どんどん巧妙になっている攻撃に対し、「どうやって異常事態に気づき、原因を調査するか」が求められます。

身近な例で考えると、火事が発生した場合は、実際に煙を見たり、臭いを感じたりすることで察知できます。場合によっては非常ベルが鳴って、耳で聞くこともできるでしょう。

セキュリティに関しても、担当者が迅速に把握できるようなしくみが必要です。なんらかの事故が起きた場合、それを統合して把握するというアプローチを**SIEM**（Security Information and Event Management）と呼びます（**図2-28**）。

サーバが発するログだけでなく、ネットワークの監視結果や利用者が使っているコンピュータが発するさまざまなログを統合することで、リアルタイムに情報を収集して表示します。担当者はその画面を見るだけで、どのような異常が発生しているのかを把握できます。

※2　スループット：一定時間内に処理、転送できる情報の量。

図 2-27　UTM

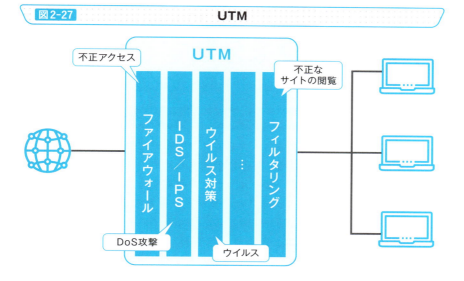

図 2-28　SIEM

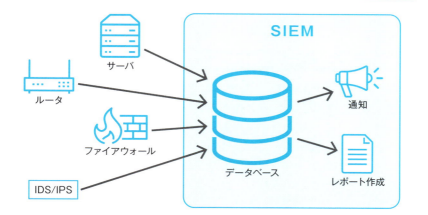

Point

- UTMの導入により、セキュリティ機器の管理コストを削減できる
- 複数のセキュリティ機器からのログをSIEMでまとめて管理することで、管理担当者が確認すべき情報を統合できる

2-13　　　　　　　　　　　　　　　　　　　　DMZ、検疫ネットワーク

≫ ネットワークを分割する

ネットワークの緩衝地帯「DMZ」

　ネットワークを設計する場合、大きく3つの領域に分けて考えることになります。それは**内部の領域**、**外部に公開する領域**、**インターネットの領域**です。ここでの考え方は「セキュリティを考慮するうえで異なる扱いをすべき領域」です。ネットワークの規模や扱う情報の重要性によっては、内部の領域についてさらに細かく分ける必要があるかもしれません。

　外部に公開する領域には、Webサーバやメールサーバ、DNSサーバやFTPサーバなどを設置します。インターネットに公開するサーバなので、不特定多数からのアクセスを受けるという特徴があります。このように、インターネットと内部ネットワークの中間に位置する領域を**DMZ**（Demilitarized Zone：非武装地帯）と呼び、緩衝地帯としての役割を果たします（図2-29）。

不審なコンピュータの接続を防ぐ「検疫ネットワーク」

　社外からノートPCを持ち込んで、社内のネットワークに接続するとき、もしウイルスに感染していると社内のコンピュータに広がってしまう可能性があります。ファイアウォールを使って分割する方法では、社外と社内のネットワークを分割できても、社内で接続された場合は防げません。

　そこで、社内のネットワークにつなぐ前に、一時的に接続できる**検疫ネットワーク**を使うことで隔離し、安全を確認したうえで社内のネットワークに接続します（図2-30）。これにより、すべてのコンピュータが必ずセキュリティの検査を受けていることになります。

　検疫ネットワークでは、OSのアップデートやウイルス対策ソフトの定義ファイルの更新もできるようになっており、安全性を高めることができます。

66

図2-29 **DMZ**

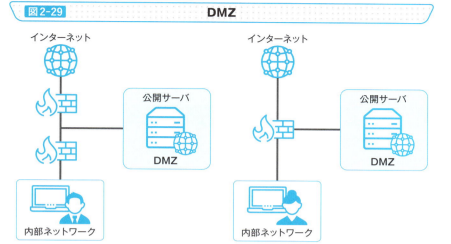

図2-30 **検疫ネットワーク**

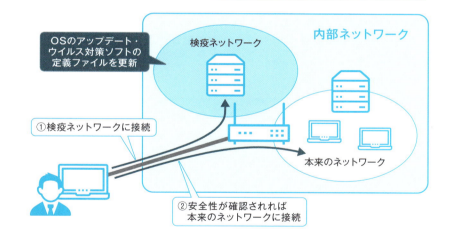

Point

- DMZを使用することで、インターネットなど外部と通信するサーバを内部のネットワークと切り離すことができる
- 安全性の低いコンピュータを内部のネットワークに直接つなぐのではなく、検疫ネットワークに接続することで安全性を高められる

2-14 MACアドレスフィルタリング

≫ ネットワークへの接続を管理する

接続できる端末を限定する

事前に登録したコンピュータ以外、社内ネットワークに接続させたくない場合があります。そこで、スイッチなどのネットワーク機器を利用したアクセスコントロールの代表的な方法として、MACアドレスを用いたフィルタリング（**MACアドレスフィルタリング**）があります（図2-31）。

接続を許可する機器のMACアドレスを登録しておくことで、登録されていないMACアドレスを持つ機器が接続されることを防止する機能です。登録されていない機器を接続しようとした際、該当するポートを自動的に停止することも可能です。

ただし、**MACアドレスはツールを使って変更できる**ため、なりすまして接続される可能性もあります。また、接続する機器が増えると、管理すべきMACアドレス数が増えるため、運用管理のコストが増大するという問題もあります。

無線LANの接続制限効果は限定的

MACアドレスフィルタリングは有線のネットワークだけでなく、無線LANのアクセスポイントでの接続を制限する場合にも使用できます。無線LANのネットワークは電波の届く範囲であればどこからでも接続できるため、正規の利用者以外は利用できないようにする必要があります。

ただし、上記のようにMACアドレスは変更できるため、他の対策と併用しないとセキュリティ面での効果は限定的です。

同様に、無線LANへの接続を管理するために**SSIDステルス**が使われる場合があります。これは無線LANのアクセスポイントの識別子であるSSIDを知られないように隠す機能で、誤って接続されることを防ぐには有効な手段ですが、安全性を高めるという意味では効果は薄いといわれています（図2-32）。隠されたSSIDを表示するツールも存在し、電波が届く範囲にあるアクセスポイントの一覧を簡単に表示できます。

68

図 2-31　MACアドレスフィルタリング

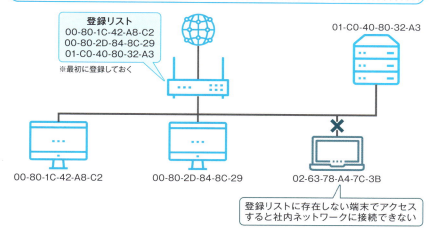

図 2-32　SSIDステルス

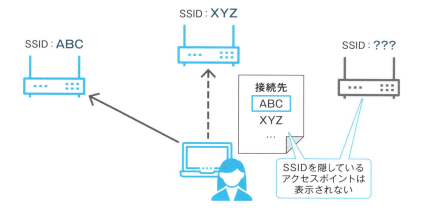

Point

- MACアドレスフィルタリングを使うことで、ネットワークに接続できる機器を制限できるが、接続する機器が増えると管理が大変になる
- 無線LANにおけるMACアドレスフィルタリングやSSIDステルスは、セキュリティ面での効果は限定的だと理解したうえで使うようにする

2-15　　無線LANの暗号化と認証

》 安全な通信を実現する

無線LANにおける暗号化方式の変化

　無線LANを使うと、電波の届く範囲であれば壁などの障害物があっても通信可能です。ケーブルを用意する必要がなく便利である一方で、悪意ある者から狙われやすい環境であるともいえます。電波は目に見えないため、不正に接続されていても気づくのは困難です（図2-33）。

　無線LANのセキュリティ設定の中でも、常に注目を集めるのが**暗号化方式**です。通信の途中で内容を見られたり改ざんされたりするのを防ぐために用いられますが、この暗号化方式を適切に選択しないと、短時間で暗号文が解読され、通信内容を盗聴される可能性があります。

　過去にはWEPと呼ばれる暗号化方式が多く使われていましたが、現在では短時間で解読される方法が発見されているため、**WPA**方式または**WPA2**方式による暗号化が推奨されています。

悪意のあるアクセスポイント

　実在する正規のアクセスポイントと同じSSIDや暗号化キーを設定したアクセスポイントが、攻撃者によって設置されている場合があります。この場合、過去に接続した正規のアクセスポイントの情報が端末に保存されていると、悪意のあるアクセスポイントに自動的に接続してしまう可能性があります。

　このようなアクセスポイントに接続すると、通信内容を第三者に知られてしまい悪用される恐れがあります。

「IEEE802.1X」による認証

　LANに接続する端末を制限するために使用される認証規格として**IEEE 802.1X**があります。認証装置や認証サーバなどの用意が必要なため導入にはハードルがありますが、企業などで接続する端末を制限したい場合には有効な対策です（図2-34）。無線LANだけでなく、有線でも使用できます。

| 図2-33 | 無線LANのセキュリティで考慮すべき脅威 |

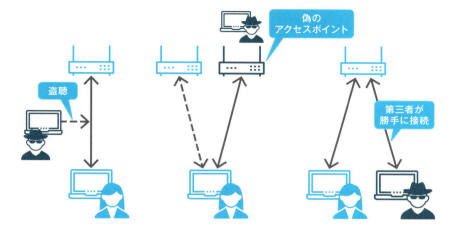

| 図2-34 | IEEE802.1Xによる認証 |

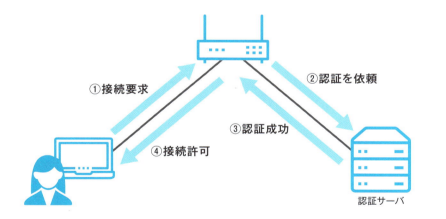

Point

- 無線LANの通信を暗号化するためにWPS、WPA、WPA2などの暗号化方式があるが、現在ではWPAやWPA2を使うことが推奨されている
- 接続する端末を制限するにはIEEE802.1Xによる認証を行うと確実

やってみよう

自分の行動を見ていたような広告が表示される理由を知ろう

　インターネット上には、広告が表示されるWebページがあります。表示される内容を見てみると、過去にアクセスしたサイトや気になる商品が多いことに驚く人もいると思います。これまでアクセスしたことがないサイトなのに、なぜ興味がありそうな内容がわかるのでしょうか？

　このような広告は「リターゲティング広告」や「リマーケティング広告」などと呼ばれ、「Cookie」という技術が使われています。

　いくつかのWebサイトにアクセスして、Cookieの中身を確認してみましょう。例えば、WebブラウザでChromeを使っている場合、Yahoo! JAPANのトップページ（https://www.yahoo.co.jp/）にアクセスすると、以下のようなCookieが使われています（ページを表示して、デベロッパーツールを開き（F12キーを押下）、「Application」タブの「Cookie」を表示してください）。

①クリック

Name	Value	Domain	...	Expire...	Size	HTTP	Secure	Same...
B	6jqdg39djbftt&b=3&s=8f	.yahoo.co.jp	/	2020-...	23			
TLS	v=1.2&r=1	.yahoo.co.jp	/	1969-...	12		✓	
anj	dTM7k!M40<D>8NRF"]wlg2Hc%Hxd1WNPit[H...	.adnxs.com	/	2018-...	173	✓		
bt3	w1ExCR7lDZARk9u/vZl_Eqi8-FH6572ujUWcjjz...	.yjtyg.yahoo...	/	2019-...	67			
btext.ttr.vGtt1zQG	2a2dd93e-9134-411a-aded-ea7868d98fa4	.yjtyg.yahoo...	/	2018-...	54			
btext.vGtt1zQG	2a2dd93e-9134-411a-aded-ea7868d98fa4	.yjtyg.yahoo...	/	2018-...	50			
btpdb.2wzBV9u.dGZjLjE0NDc...	UkVRVUVTVFMuMA	www.yahoo.co...	/	2019-...	43			
btv3.8FzrfRY	Cf67DT95lieZ_3DU_CUd7WxPW0Gx_L_VL_UE...	.yjtyg.yahoo...	/	2018-...	76			
btv3.Gvlpabp	2XVgHCMEH5roRBLr44bvQVskYBu6p0TXzxH...	.yjtyg.yahoo...	/	2018-...	98			
btv3.khADDtf	Xomupb4lEUrndJFn11BB6ln686pJvy-exxNoyy...	.yjtyg.yahoo...	/	2018-...	98			
btv3.wAiXPd0	Q-ZmZo35K0uTuwL3PP2odURFxPTzvXAoSZz...	.yjtyg.yahoo...	/	2018-...	76			
cs_a	1	.d2-apps.net	/	2018-...	5			
d2id	e71cf07447bc41c07cde5d5c0602be0c	.d2-apps.net	/	2020-...	36			
icu	Chgl2uYrEAoYASABKAEwuarz2QU4AUABSAE...	.adnxs.com	/	2018-...	51	✓	✓	
psm	0	.impact-ad.jp	/	2018-...	4	✓	✓	
tuuid	2250Bf8c-00c0-4e44-84fa-bda306105e1b	.impact-ad.jp	/	2020-...	41			
tuuid_last_update	1530534632	.impact-ad.jp	/	2020-...	27			
uuid2	1875451220194973350	.adnxs.com	/	2018-...	24	✓		

②クリック

　これを見ると、広告配信企業によるCookieが含まれていることがわかります。同じように、他のサイトでもCookieの内容を確認すると、アクセスしているドメインとは違うドメインのCookieが使われていることがわかり、複数のサイトで広告を出すしくみが見えてきます。

ウイルスとスパイウェア

~感染からパンデミックへ~

第 **3** 章

3-1 .... ウイルス、ワーム、トロイの木馬

≫ マルウェアの種類

「ウイルス」にはいろいろなタイプが存在する

　最近では、悪意のあるソフトウェアを総称して**マルウェア**と呼ぶことが多くなっています。マルウェアには、他のプログラムに寄生して動作する**ウイルス**（図3-1）や、単独で自己増殖する**ワーム**、正常なプログラムであるように偽装して自己増殖は行わない**トロイの木馬**、情報を盗み出す**スパイウェア**などがあります。

　上記のウイルスやワーム、トロイの木馬をまとめて「広義のウイルス」と呼ぶこともあります（図3-2）。ここでは、「狭義のウイルス」として、マクロやスクリプトを使ったものを考えてみましょう。

　例えばWordやExcelでマクロを使うと、手作業の入力などを自動化できますが、この機能を悪用すると被害を及ぼす処理を実行できます。このようなファイルは**マクロウイルス**と呼ばれ、ファイルを開くだけで実行される場合があります。他にも、Adobe Readerなどのスクリプトを実行できるソフトウェアに存在する脆弱性を悪用して、PDFなどの一見問題なさそうなファイルを開いただけで感染するタイプもあります。

独立して実行できる「ワーム」と、隠れて動く「トロイの木馬」

　ウイルスのように他のソフトウェアを必要とせず、独立して実行できる特徴を持つソフトウェアをワームと呼びます。ネットワークを経由して他のコンピュータに感染し、さらに自己複製します。場合によっては、インターネットに接続しているだけで他のコンピュータに感染する場合もあります。

　トロイの木馬は役に立つプログラムのように見えて、実際には情報を盗み出すために使われるようなソフトウェアで、利用者が誤ってダウンロードしてしまう場合があります。ワームのように他のコンピュータに感染することはありませんが、第2章の**2-6**で登場した**バックドアを実現するために使われる**ことが一般的です。

| 図3-1 | ウイルスの種類 |

経済産業省「コンピュータウイルス対策基準」によるウイルスの定義

第三者のプログラムやデータベースに対して意図的に何らかの被害を及ぼすように作られたプログラムであり、次の機能を1つ以上有するもの。	
（1）自己伝染機能	自らの機能によって他のプログラムに自らをコピーしまたはシステム機能を利用して自らを他のシステムにコピーすることにより、他のシステムに伝染する機能
（2）潜伏機能	発病するための特定時刻、一定時間、処理回数等の条件を記憶させて、発病するまで症状を出さない機能
（3）発病機能	プログラム、データ等のファイルの破壊を行ったり、設計者の意図しない動作をする等の機能

| 図3-2 | マルウェアの分類 |

Point

- ウイルスには「広義のウイルス」と「狭義のウイルス」という考え方があり、最近はマルウェアという言葉も使われている
- 経済産業省によるウイルスの定義において、ワームは「自己伝染機能」、トロイの木馬は「潜伏機能」に該当すると考えられる

3-2 ·············· ウイルス対策ソフトの導入、ウイルス定義ファイルの更新

» ウイルス対策の定番

ウイルス対策ソフトは「パターンファイル」の更新が必須

　ウイルス対策ソフトのメーカーは、既存のウイルスを収集し、そのウイルスが持つファイルの特徴を**パターンファイル（ウイルス定義ファイル）**として用意します。ウイルス対策ソフトはこのパターンファイルと見比べることでウイルスを検知し、警告を発したり削除したりします（図3-3）。

　ウイルスの作成者は、当然のようにパターンファイルに適合しないようなウイルスを新たに作成してきます。それに対し、ウイルス対策ソフトのメーカーはパターンファイルを更新していきます。

　いたちごっこのようですが、最新のウイルスに対応するためには、このパターンファイルを常に最新に保つことが重要です。更新していないと最新のウイルスには対応できないため、自動更新の設定を行うだけでなく、正しく更新されているかを定期的に確認しましょう。

ウイルスと似た動作を見つける「振る舞い検知」

　パターンファイルを用意する方法では、パターンファイルが提供されるまで、利用者はウイルスの感染を防ぐことができません。そこで、最近のウイルス対策ソフトは**振る舞い検知**の機能を備えています。

　一般的なウイルスは、**一定間隔でサーバと通信**したり、**コンピュータの内部を勝手に調査**したりします（図3-4）。そこで、このような動作をするプログラムの振る舞いを検出し、似たような動きをしたプログラムの実行を停止します。

　この方法を使えば、未知のウイルスであっても、これまでのウイルスと似たような動きをした場合に検出し、実行を止めることができます。ただし、似たような動きをする通常のプログラムも検出してしまうため、誤検知の可能性も高くなるという特徴があります。

| 図3-3 | パターンファイル |

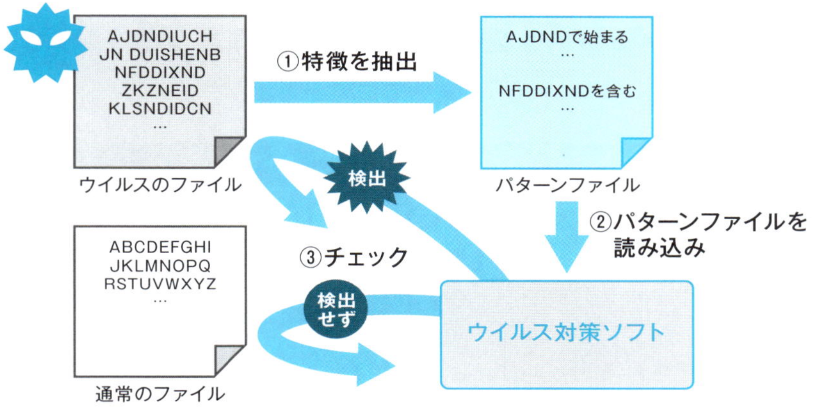

AJDNDIUCH
JN DUISHENB
NFDDIXND
ZKZNEID
KLSNDIDCN
…

ウイルスのファイル

①特徴を抽出

AJDNDで始まる
…

NFDDIXNDを含む
…

パターンファイル

検出

②パターンファイルを
読み込み

ABCDEFGHI
JKLMNOPQ
RSTUVWXYZ
…

通常のファイル

③チェック

検出
せず

ウイルス対策ソフト

| 図3-4 | 一般的なウイルスの動作 |

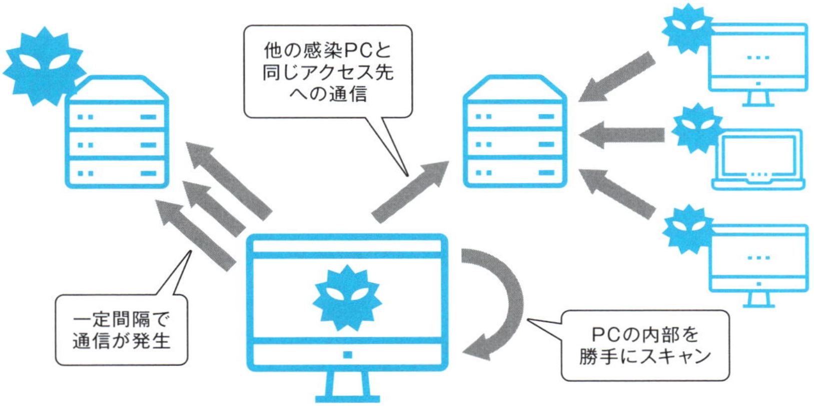

他の感染PCと
同じアクセス先
への通信

一定間隔で
通信が発生

PCの内部を
勝手にスキャン

第3章　ウイルス対策の定番　………ウイルス対策ソフトの導入、ウイルス定義ファイルの更新

Point

- ウイルス対策ソフトのパターンファイルは既存のウイルスの特徴を整理したものであり、常に最新に保つことが重要である
- 未知のウイルスに対応するために、振る舞い検知のしくみを持つウイルス対策ソフトが増えている

3-3 .... ハニーポット、サンドボックス

≫ ウイルス対策ソフトの技術

インターネット上におとりを設置する

　振る舞い検知の機能を持つようになったとはいえ、ウイルス対策ソフトにとってパターンファイルは重要です。このパターンファイルを作成するためには、ウイルス対策ソフトのメーカーがウイルスを収集する必要があります。

　そこで使用されるのが**ハニーポット**です。いわゆる「おとり」としてインターネット上に設置され、見かけや動作を実際に使われているコンピュータに似せて、ウイルスや不正アクセスの攻撃を受けやすいように設定されています（図3-5）。

　攻撃しやすい環境なので、ウイルス作成者や攻撃者がターゲットとして狙ってきます。このように、実際には使われていない環境を「本物のシステム」のように見せ、ここに対する**攻撃やウイルスを収集する**ことで、パターンファイルの作成に役立てています。

プログラムの挙動を確認する「サンドボックス」

　振る舞い検知を行うために、実際のコンピュータ上ではなく、仮想的にプログラムを実行できる環境を用意することがあり、このような環境を**サンドボックス**と呼びます（図3-6）。

　サンドボックスは「砂場」と訳されますが、こどもが公園の砂場で遊ぶように、安全な場所を用意することを意味します。本来のコンピュータには影響を与えないようにサンドボックス上で実行することで、もし対象のプログラムがウイルスであった場合も被害を少なくできます。

　ここで実行されたプログラムがどのような挙動をしているかを確認することで、ウイルスの検出に生かしています。ウイルス対策ソフトにも同様の機能を持つものがあり、ソフトウェアをダウンロードした場合に、いきなり実行せずにサンドボックス環境で実行することでその動作をチェックできます。

図3-5　ハニーポット

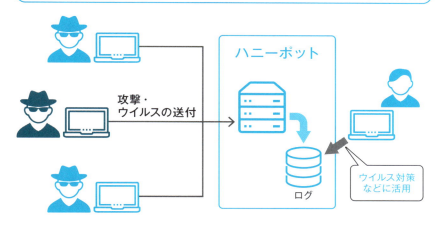

図3-6　サンドボックス

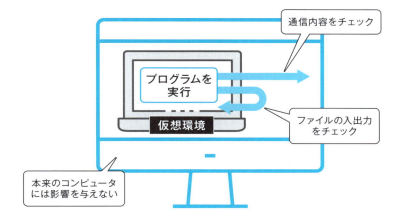

Point

- 攻撃の手法やウイルスを収集するために、ハニーポットが役立てられている
- サンドボックスにより、本来のコンピュータに影響を与えることなくプログラムの挙動を確認できる

3-4 .... フィッシング、ファーミング

》 偽サイトを用いた攻撃

IDやパスワードを盗む偽サイトに注意

　本物のWebサイトを装った偽のWebサイトを用意したうえで、メールなどを使ってそのURLに利用者を誘導し、入力されたIDやパスワードを盗み出す手口をフィッシングと呼びます（図3-7）。

　これまでは、金融機関やクレジットカード会社などのふりをして不正送金やカード番号を狙うサイトが多く確認されていましたが、最近はSNSなどを含めた一般のWebサイトでも同様の手口が登場しています。正規のサイトと同じ見た目の偽サイトを作るのは簡単なため、注意しなければ気づくことが難しいという特徴があります。

　アクセスしているサイトが本来のドメインとは異なるURLなので、Webブラウザなどに表示されているURLを確認すれば、多くの場合は防ぐことができます。また、送信されてきたメールのリンクをクリックするのではなく、Webブラウザのお気に入りなどに登録したリンクを使って該当のサイトを表示することも1つの対策です。

誰でもだまされる可能性がある「ファーミング」

　なりすましのような偽サイトを使った方法としてファーミングがあります。本物そっくりのサイトを使う点ではフィッシング詐欺に似ていますが、**URLに対応するIPアドレスを書き換える**という準備を行っておくところが違います（図3-8）。

　Webサイトを閲覧するとき、コンピュータの裏側ではDNSと呼ばれるしくみで、接続するWebサーバを調べています。利用者が入力したURLから対象のページが存在するWebサーバのIPアドレスを取得し、このIPアドレスのサーバにアクセスするのですが、偽サイトのIPアドレスが返されると、同じURLでも偽のWebサーバに接続してしまいます。

　この場合、URLを見ただけでは偽サイトにアクセスしていることに気づくことは困難です。

図 3-7 フィッシング

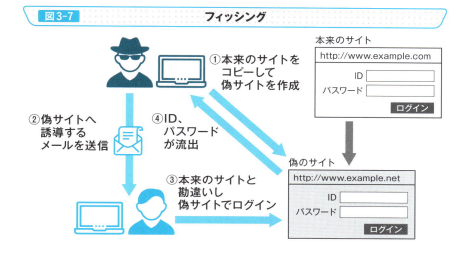

図 3-8 ファーミング

Point

- 金融機関以外にも、SNSなど一般のサイトも含めたフィッシング詐欺が増えている
- ファーミングによってIPアドレスが書き換えられていた場合は、偽サイトにアクセスしていることに気づくのは困難である

3-5 ·················· スパムメール、ワンクリック詐欺、ビジネスメール詐欺

≫ メールによる攻撃や詐欺

不要なメールが大量に届く「スパムメール」

受信者の意向を無視して送信されてくるメールは、迷惑メールや**スパムメール**と呼ばれています（図3-9）。なんらかの方法で収集したメールアドレスや、ランダムに作成したメールアドレスに対して一括で送信されることが多いといわれています。

海外から送信される英語のメールであれば、簡単に迷惑メールだと判別できましたが、最近は状況が変わってきました。特定の企業を狙った攻撃も増えており、慣れた人でも見抜けないメールが増えています。

メールに添付されたファイルを実行したり、メール本文に書かれたURLをクリックしたりすると、ウイルスに感染することもあります。

契約成立に見せかける「ワンクリック詐欺」

リンクをクリックしただけで高額な料金を請求される架空請求詐欺の一種が**ワンクリック詐欺**です。名前の通り、一度クリックするだけで「ご入会ありがとうございました！」などのメッセージが表示され、確認画面などは表示されないという特徴があります（図3-10）。

メールだけでなく、スマートフォンなどでサイトを閲覧していて、誤ってタップしただけで「登録完了」と表示される例も報告されています。

最近のトレンドは「ビジネスメール詐欺」

2017年頃から話題になっているのが、実際の取引先になりすまして振込先口座を変更させるようなメールを送る**ビジネスメール詐欺**です（図3-11）。**あらかじめ本来の取引先とやりとりしている内容や宛先を研究したうえで送信される**ため、本物と見分けがつかないような文面が使われます。メールでの振り込め詐欺のような内容ですが、気になったときは電話など別の手段で相手に確認するといった対策が必要です。

82

図3-9　スパムメール

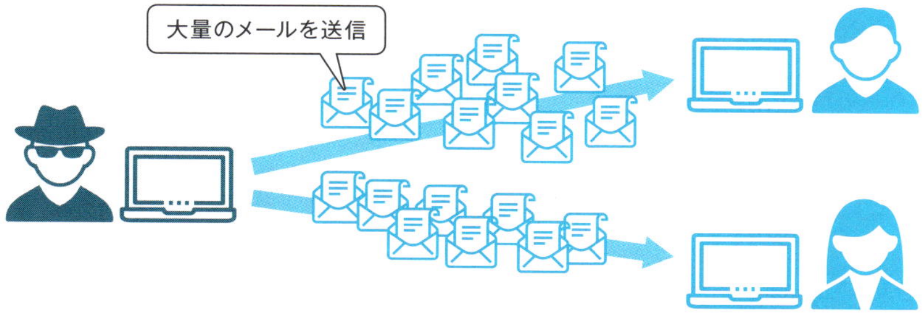

図3-10　ワンクリック詐欺の例

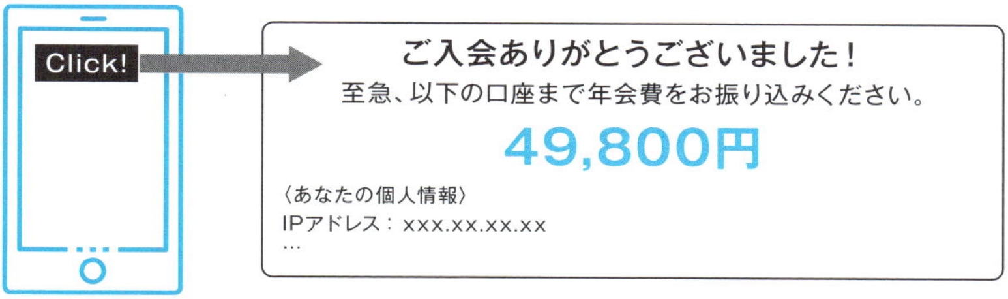

図3-11　ビジネスメール詐欺の例

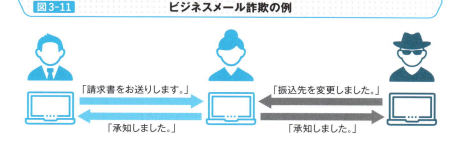

Point

- 最近は文面が工夫されており、スパムメールだと判断しにくいものが増えている
- ワンクリック詐欺はクリックしてしまっても無視することが重要
- 取引先などになりすますビジネスメール詐欺が話題になっている

3-6 ·········· スパイウェア、キーロガー

》 情報を盗むソフトウェア

知らないうちに情報が盗まれる

　無料のゲームや便利なツールをインストールする際、他のソフトウェアもセットでインストールさせられる場合があります。ゲームを楽しんでいるつもりでも、見えないところで個人情報が外部に送信されているかもしれません。

　このとき、IDやパスワード、コンピュータの中に保存されている写真などを外部に送信するソフトウェアを**スパイウェア**と呼びます（図3-12）。利用者の個人情報やアクセス履歴などの情報を収集することが目的の場合が多く、ウイルスの定義には当てはまらないことから、ウイルスとは別物とされることが一般的です。

　また、広告を表示することでアクセス履歴などを収集したり、広告収入を得たりするソフトウェアは**アドウェア**と呼ばれます。これらも勝手に情報を送信することから、スパイウェアに分類される場合があります。

　利用規約などに記載されていても、利用者がそれを読んでいない、もしくは理解していないことも問題の1つと考えられます。

キーボードへの入力が丸見え「キーロガー」

　利用者がコンピュータに入力したキー操作を監視・記録するソフトウェアを**キーロガー**と呼びます。コンピュータ内に記録するだけであれば特に問題なくても、**インターネット経由で自動的に外部に送信されると、ログイン時のIDとパスワードや、URL、個人情報などが漏えいしてしまう**可能性があります（図3-13）。

　2013年には、一部の日本語入力ソフトに同様の機能があり、利用方法によっては情報漏えいにつながる恐れがあるという理由でニュースになりました。日本語の変換効率の向上に役立つという意味では有用な機能であっても、使い方によっては個人情報などが流出する恐れもあり、一般の利用者にとっては不安となる事例でした。

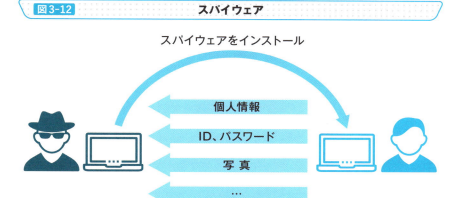

図3-12　スパイウェア

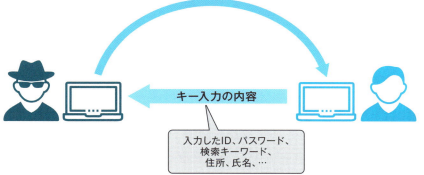

図3-13　キーロガー

Point

- 無料のソフトウェアを使う場合にも、利用規約などを確認しないと勝手にスパイウェアをインストールされる恐れがある
- 便利なソフトウェアであっても、勝手に広告を表示したり、入力したキーの内容を外部に送信したりする場合があるため、導入時には注意が必要である

3-7 ランサムウェア

» 身代金を要求するウイルス

勝手にファイルが暗号化される

脆弱性を使用してコンピュータの中にあるファイルを勝手に暗号化したり、特定の制限をかけたりし、元に戻すためには金銭を支払うように要求するタイプのウイルスはランサムウェアと呼ばれ、日本語では「身代金ウイルス」と訳されます（図3-14）。ただし、身代金を支払っても元に戻る保証はありません。

金銭を支払わずに元に戻すには、システムを初期化した後で、バックアップからデータを復旧する方法が考えられます。一部のランサムウェアについては、代金を支払わなくてもファイルを復号するツールが公開されていますが（図3-15）、基本的にはバックアップを取得しておく対策が必要です。

バックアップが存在しないとデータは失われますし、端末に常時接続している外付けハードディスクなどにバックアップしている場合は、そのハードディスクも含めて暗号化されてしまう可能性があります。さらに、組織内のコンピュータに感染が広がると影響がどんどん大きくなるため、注意が必要です。

身代金の送金に使われるビットコイン

昨今、仮想通貨が投機目的で大きな話題になり、特にビットコインを中心に盛り上がりました。これまでの通貨や電子マネーのように中央集権的な管理者が不要で、個人がビットコインアドレスを指定して直接やりとりできるという特徴があります。これにより送金手数料をこれまでより安価にできたことや、個人を特定できないことでセキュリティ面での安全性が高いことも注目を集めた理由です。

この高い匿名性を悪用して、ランサムウェアで身代金を取引するためにビットコインなどの仮想通貨が使われました。送金先の特定が困難であることから、攻撃者は低コスト低リスクで身代金の受け取りができるようになりました。

| 図3-14 | ランサムウェア |

②ランサムウェアを実行、ファイルが暗号化される
①メールなどを使いダウンロードさせる
③身代金を払う
④元に戻す鍵を送付する
※お金を払っても、元に戻せるとは限らない

| 図3-15 | 一部のランサムウェアに対する復号ツールを提供する「No More Ransom」|

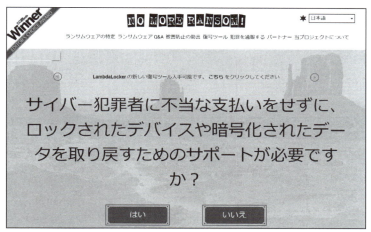

URL：https://www.nomoreransom.org/ja/index.html

Point

- ランサムウェアに感染した場合に備え、バックアップを取得しておかなければならない
- 一部のランサムウェアについては復号ツールが存在する
- 身代金の送金先を特定させないためにビットコインなどが使われることがある

第3章 身代金を要求するウイルス……ランサムウェア

3-8 標的型攻撃、APT攻撃

» 防ぐのが困難な標的型攻撃

特定の組織を狙った「標的型攻撃」

最近ではウイルス対策ソフトの精度が向上し、導入が当たり前の状況になったこともあり、一般的なウイルスでは感染しにくくなっています。

そこで、特定の組織を狙い、その組織でよく使われていると思われるメールのやりとりを行うことで信頼させる手口が増えています。これを標的型攻撃と呼び、ウイルス対策ソフトで検知できないような新たなウイルスが使われます（図3-16）。

標的型攻撃の特徴は、**メールの受信者が不信感を抱かないようなテクニックを使っている**ことです。送信者として実在する組織や個人名を詐称したり、業務に関係の深い話題を使ったりします。例えば、人事部の担当者宛に履歴書を送ってきたように見せかけると、担当者は開かないわけにはいきませんが、実際にはマクロウイルスが添付されていたケースがあります。

何度も繰り返されるAPT攻撃

標的型攻撃の中でも、高度な技術を駆使した攻撃は**APT攻撃**と呼ばれます。Advanced Persistent Threatの略で、直訳すると「**高度で持続的な脅威**」となります。「持続的な」攻撃が行われることがポイントです。

APT攻撃では、標的型メールなどを使って従業員のコンピュータに侵入した後、組織に気づかれないように潜伏し、長期間にわたって攻撃を行います（図3-17）。このため、標的型攻撃のように外部から攻撃するというよりも、**組織の内部で情報を盗む**手法が多く用いられます。

実際、複数の手法を組み合わせた攻撃を何度も受けると、すべてを完璧に防ぐことは困難です。長期間にわたってさまざまな攻撃方法が使われると、組織が対策を実施しても新たな手法で破られてしまいます。また、日常的に似たような通信が発生すると、異常だと気づきにくいという問題もあります。

図3-16 標的型攻撃の例

業務内容に関連したメール
採用に応募したいです。
業務上、対応しないわけにはいかない
履歴書を送ってください。
履歴書をお送りします。
ウイルスなどを添付したメール
新しいタイプのウイルスだと対策ソフトで検出できない

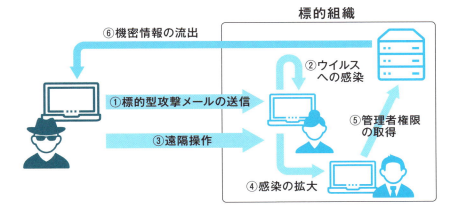

図3-17 APT攻撃

標的組織
⑥機密情報の流出
①標的型攻撃メールの送信
②ウイルスへの感染
③遠隔操作
⑤管理者権限の取得
④感染の拡大

Point

- 標的型攻撃では、ウイルス対策ソフトなどでも検知できず、メールの内容からは怪しいと判断できないため、ウイルス感染のリスクが高い
- ウイルスに感染させるだけでなく、さまざまな手法を使って持続的に攻撃を仕掛けられるAPT攻撃の場合、何度も行われる攻撃をすべて防ぐことは不可能に近い

3-9 ドライブバイダウンロード、ファイル共有サービス

》 気をつけたいその他の Webの脅威

知らないうちにソフトウェアをダウンロードさせられる

Webサイトを閲覧しているだけでソフトウェアをダウンロードさせる行為を**ドライブバイダウンロード**と呼びます（図3-18）。画面に何も表示されず、利用者は気づかないうちにウイルスなどの不正プログラムをダウンロードしている可能性があります。

怪しいサイトを閲覧しなければ安全だと思っていても、企業などが提供している正規のWebサイトが改ざんされており、アクセスしてきた人を悪意のあるWebサイトに自動的に誘導するように作り込まれていることもあります。

ドライブバイダウンロードが行われないように、OSやWebブラウザなどで対策が行われていますが、脆弱性の悪用や、ウイルスへの感染などにより対策が有効でない場合があります。

設定を誤ると危険な「ファイル共有サービス」

メールに添付しようとしたファイルが大容量で添付できない場合、ファイル共有サービスなどが使われます（図3-19）。最近ではクラウド型のファイル共有サービスも多く提供されており、バックアップなどにも便利に使うことができます。

ただし、大容量のファイルの受け渡しは危険と隣り合わせでもあります。個人情報や機密情報が含まれたファイルなどを配置してしまうと、全世界に公開されてしまう可能性があります。

本人は認識していなくても、設定ミスによって公開される設定になっている場合があるほか、ウイルスに感染していることで勝手にファイルがアップロードされたり、公開設定が変更されたりする場合があります。

過去にWinnyが話題になったように、「**ファイル交換ソフト**」と呼ばれる**P2P（ピアツーピア）型のネットワークでも同様に注意が必要**です。

図3-18　ドライブバイダウンロード

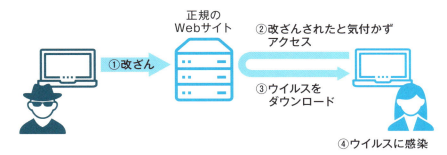

図3-19　ファイル共有サービス

クライアントサーバ型　　　　　　　ピアツーピア型

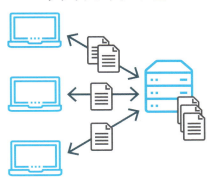
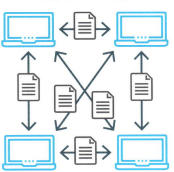

Point

- ドライブバイダウンロードの場合、勝手にソフトウェアがダウンロードされていても利用者は気づかない
- ファイル共有サービスは便利だが、勝手に公開される設定になっていないか確認が必要である
- ファイル共有サービスやファイル共有ソフトを使う場合、個人情報や機密情報などの情報漏えいに注意しなければならない
- P2P型のファイル共有ソフトの場合、一度公開してしまうと一気に配布されてしまう可能性がある

3-10 IoT機器のウイルス

≫ ウイルス感染はPCだけではない

常にインターネットに接続されているIoT機器

インターネットに接続していると、外部から攻撃を受けたり、ウイルスに感染したりする可能性があります。特にルータなどの機器は、常にインターネットに接続されています。

また、最近ではWebカメラなど、外部からアクセスするために使われる機器も増えています（図3-20）。インターネットにつながると便利なIoT機器が普及するにつれて、PCやスマートフォン以外でもウイルス感染の被害が報告されるようになりました。

その理由の1つとして、利用者の意識が低いことが挙げられます。家電と同じように考えていて、インターネットに接続していることの危険性を理解していない、修正プログラムなどが提供されていることに気づかないなどの問題が指摘されています。

次々登場する「亜種」

IoT機器を狙ったMiraiというマルウェアが発見され、そのソースコードがインターネット上に公開されました（図3-21）。これにより、ソースコードを少し変えるだけで、**誰でもマルウェアの亜種を作成できる**ようになりました。

IoT機器にはディスプレイがない機器も多く、ウイルス対策ソフトなども使われません。このため、感染に気づかずに使っている場合があり、外部に対して攻撃する加害者になっている可能性もあります。

今後もIoT機器の種類が増えることが予想され、それに伴い攻撃も高度化することが考えられます。基本的な対策として、PCと同じように**パスワードを複雑なものに変更**したり、**修正プログラムを適用**したりすることが求められています。

図3-20 　IoT機器

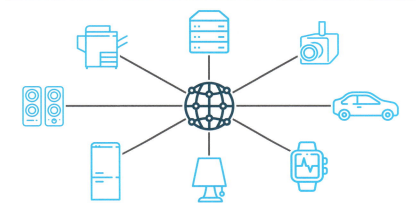

図3-21 　Miraiボットのソースコードを流用した不正プログラムによる攻撃

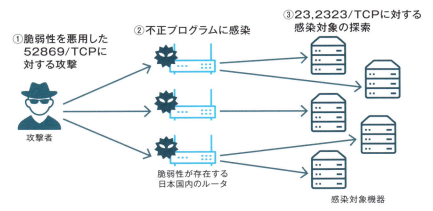

出典：警察庁（@police）「インターネット計測結果等（平成29年）」（URL： https://www.npa.go.jp/cyberpolice/detect/pdf/20180322.pdf）をもとに作成

Point

- 最近はIoT機器が多く使用されており、それらを狙った攻撃も増えている
- IoT機器でも、一般的なコンピュータと同様の基本的な対策を実施することが大切である

やってみよう

メールの差出人を偽装してみよう

　メールソフトの設定を変えると、簡単にメールの差出人を偽装できます。表示名を変えるだけでなく、メールアドレスの変更も可能です。例えば、Outlookの場合、以下のようにアカウント設定を変更します（送受信に使うIDとパスワードなどは変更せず、あくまでも表示名を変更することがポイントです）。

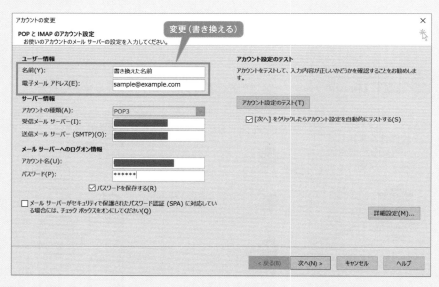

　さらに、設定したアカウントからメールを送信してみます（他人に送信すると紛らわしいので、自分宛に送ってみましょう）。このメールに返信しようとすると、宛先のアドレスがどうなるか、確認してみてください。

脆弱性への対応
～不備を狙った攻撃～

第 **4** 章

4-1 ························· 不具合、脆弱性、セキュリティホール

≫ ソフトウェアの欠陥の分類

不具合と脆弱性、セキュリティホールの違い

ソフトウェアが設計時に想定していたのと異なる動きをすることを、**不具合**や**バグ**と呼びます。人間が作るものなので、不具合があることは避けられません。不具合が存在すると、設計通りの動きをしないため、通常の使い方でも問題が発生します。

一方、情報セキュリティ上の欠陥があることを**脆弱性**と呼びます。脆弱性の場合は、通常の使い方なら問題なく利用できるのが一般的です。つまり、一般の利用者は脆弱性が存在することになかなか気づきません。ただし、「設計通りの動きをしない」という意味で不具合の一部に分類されることが多いです（図4-1）。

脆弱性と似た言葉として**セキュリティホール**があります。本来できないはずの操作ができてしまったり、見えるべきでない情報が第三者に見えてしまったりするような不具合のことを指します。

この2つの言葉は同じ意味で使われる場合もありますが、厳密には脆弱性の一部がセキュリティホールです（図4-2）。**セキュリティホールはソフトウェアの脆弱性といわれる**ことがある一方、脆弱性はソフトウェアに限った話ではありません。セキュリティに関する知識が少ない場合、「人の脆弱性」といわれることがあります。人間や業務プロセスなどに関しても、脆弱性という言葉は使われます。

攻撃者の立場で考えると、脆弱性を狙うことで不正な行為が可能になります。Windows OSやJava、Adobe FlashやAdobe Readerなど、一般の人が使うソフトウェアにも毎月のように脆弱性が見つかっており、サーバで動くソフトウェアにも多くの脆弱性が発見されています。

開発者の知識不足やセキュリティ意識の低さにより、不具合や脆弱性が発生することは多く、**攻撃されることを想定して開発する**ことが求められています。また、新たな攻撃手法が次々と登場していることから、開発者も常に最新情報を入手することが求められています。さらに、脆弱性を発見した場合の対応も頭に入れておくことが大切です（図4-3）。

| 図4-1 | **不具合（バグ）と脆弱性の違い** |

| 図4-2 | **不具合と脆弱性、セキュリティホールの関係** |

（不具合、バグ / 脆弱性 / セキュリティホール）

| 図4-3 | **脆弱性を発見した場合の対応** |

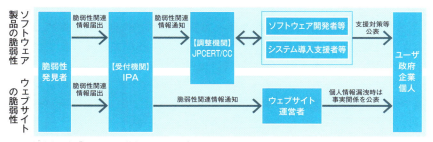

出典：経済産業省「脆弱性関連情報取扱体制」（URL：http://www.meti.go.jp/policy/netsecurity/vulinfo.html）

Point

- 情報セキュリティ上の欠陥があることを脆弱性と呼び、ソフトウェアだけでなく人間に対しても存在する
- 脆弱性を狙った新たな攻撃は次々と登場しているため、これまでは問題なかったソフトウェアに今後も脆弱性がないとはいえない

4–2 .... 修正プログラム、セキュリティパッチ

≫ 脆弱性に対応する

プログラムは常に最新状態にしておく

　セキュリティホールが存在するプログラムを使用していると、攻撃を受けた場合に重大な情報漏えいなどの被害が発生する可能性があります。セキュリティホールが発見されると、多くの場合は開発元によって問題を修正した修正プログラムが発表されます。

　修正プログラムはセキュリティパッチとも呼ばれ、適用することを「パッチを当てる」といいます（図4-4）。セキュリティホールを悪用した攻撃を防ぐには、最新の修正プログラムを適用しなければなりません。

　製品によっては更新プログラムと呼ばれる場合もあり、セキュリティに関係のない不具合の修正も含まれることがあります。安全な状態を保つには、**自動更新する設定を有効にしておく**とよいでしょう。

サポートの終了に注意

　OSを含め、ソフトウェアにはメーカーからサポート期間が定められています（図4-5）。この期間は修正プログラムなどが提供されますが、サポート期間が終了すると、それ以降は提供されません。

　最新バージョンのソフトウェアを使うことや、アップデートの適用は重要です。スマートフォンやタブレット端末でも同じで、常に最新バージョンにアップデートしておくことが求められています。

　一方で、バージョンを上げられないという事態が次々と起こっています。Androidの場合、「個別に開発したソフトウェアが動かない」「端末の性能が新バージョンを実行するために十分でない」などの理由で、携帯電話会社がアップデートを提供しないことがあります。

　バージョンを上げなくても不具合が発生しない、もしくは回避できるのであれば問題ありませんが、標準ブラウザに対する攻撃なども続々と報告されています。最新の情報に注目し、場合によっては**同等の機能を持つ他のアプリケーションに切り替える**ことも必要でしょう。

図4-4 修正プログラムのイメージ

図4-5 サポート期間の例（例：Microsoft Windowsの場合）

出典：Microsoft「Windowsライフサイクルのファクトシート」（URL：https://support.microsoft.com/ja-jp/help/13853/windows-lifecycle-fact-sheet）をもとに作成

Point

- 脆弱性が存在しても一般的な利用には問題ないが、攻撃を受けると情報漏えいなどの被害が発生する恐れがある
- 修正プログラムが提供されたら速やかに適用する。自動更新する設定にしておくことが望ましい
- 一部のスマートフォンやタブレット端末ではOSやソフトウェアのアップデートが提供されない場合がある

4-3 .... ゼロデイ攻撃

》 対策が不可能な攻撃?

修正プログラムの提供前に攻撃される「ゼロデイ攻撃」

　攻撃者はソフトウェアの脆弱性を見つけようと日々調査しています。ソフトウェアの開発元も脆弱性がないように調査していますが、すべてを発見することは困難です。

　脆弱性が発見されてから、修正プログラムが提供されるまでの間に攻撃することを**ゼロデイ攻撃**と呼びます（図4-6）。つまり、修正プログラムが提供された日を1日目と考えたときに、その前日以前であるため、0日とカウントすることを意味しています。

　開発元が脆弱性に気づいても、修正プログラムを提供できるまでには時間がかかります。修正プログラムが提供される前に脆弱性情報を公開してしまうと、その脆弱性を狙って攻撃を受ける可能性があります。修正プログラムが提供されるまでの間、開発元から一時的な回避策などが提示される場合があるため、その回避策の適用を検討しましょう。

脆弱性の発見者に報酬を与える報奨金制度

　社内の開発者やセキュリティ担当者だけでなく、社外の専門家によって脆弱性を発見してもらうことで、ゼロデイ攻撃の可能性を低減できます。そのために、発見者に報奨金を支払う制度を取り入れている企業が増えています（図4-7）。食事や名誉などを報奨とする場合もあります。

　外部の協力で新たな脆弱性を見つけることができれば、製品の安全性を高められるだけでなく、開発体制の人的リソースを減らすというコスト面での効果も期待できます。

　サイバーセキュリティの専門的な知識がある人にとって、攻撃を行うよりも報奨金制度で金銭を得る方にメリットがあると、守る側に協力してもらえる可能性が高まります。ただし、**事前の許可なくセキュリティ検査を行うと、不正アクセス禁止法に違反する可能性がある**ため、検査を行う範囲を明確に定めておく必要があります。

100

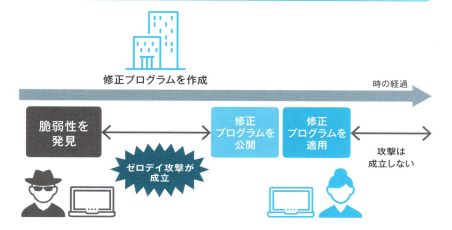

図4-6 ゼロデイ攻撃

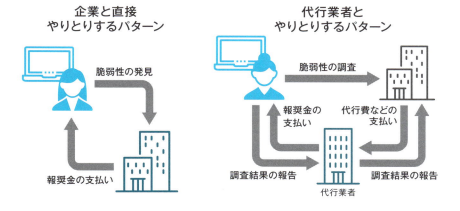

図4-7 報奨金制度の運営方法

Point

- ゼロデイ攻撃が可能な脆弱性が発見されたとき、修正プログラムが公開される前に一時的な回避策がある場合は適用を検討する
- 報奨金制度によって社外の専門家が参加することで、新たな脆弱性が発見される場合がある
- 報奨金制度により、攻撃者だった人の協力を得られる可能性がある

4-4 .... SQLインジェクション

≫ データベースを不正に操作

データベースとSQL

　ショッピングサイトなどを作るとき、商品の在庫状況や顧客情報など、入力した内容をサーバ側に保存する必要があります。このときに使われるのがデータベースです。データベースを使うことで、複数の利用者がアクセスした場合にも整合性を確保できるだけでなく、データの検索や加工を効率よく実行できます。

　このデータベースに対して、データの登録や更新、取得、削除などの操作を行う処理は、**SQL**と呼ばれる言語を使って開発されています（図4-8）。このSQLの記述を狙った攻撃が行われることがあります。

データベースの脆弱性「SQLインジェクション」

　SQLの構文は利用者には見えませんが、その処理には利用者からの入力が含まれています。そこで、入力する内容に特殊な記号を含めることで、アプリケーションが想定していない操作を不正に行うことができる場合があります。

　例えば、検索サイトであればキーワード、会員登録ならメールアドレスやパスワード、商品の購入時であれば住所や注文数などを入力する場面があります。この入力に特殊な記号が含まれると、プログラムによってはデータの改ざんや情報漏えい、システムの停止などにつながる可能性もあります。

　このような脆弱性は**SQLインジェクション**と呼ばれており（図4-9）、多くの被害が発生していますが、利用者としてできる対策はありません。開発者の無知によって発生する場合だけでなく、**短納期で開発したことでチェックが漏れている**場合などがあります。サービス提供者としては、システム開発において攻撃が行われるしくみを理解して、**脆弱性診断**（**4-9**を参照）などの対策を実施しなければなりません。

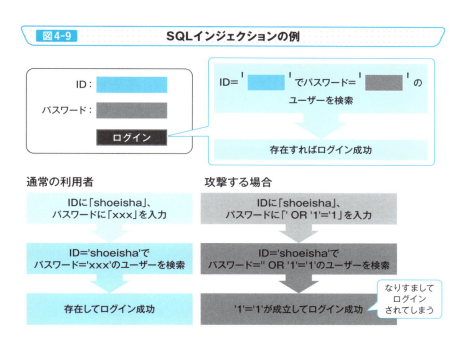

Point

- SQLインジェクションの脆弱性が存在しても、利用者にできる対策は存在しない
- 開発者は攻撃が行われるしくみを理解したうえで、脆弱性診断などの対策を実施する必要がある

4-5 ··· クロスサイトスクリプティング

≫ 複数のサイトを横断する攻撃

サイトをまたいで攻撃する「クロスサイトスクリプティング」

Webサイトの中に掲示板などを用意し、利用者が投稿できるしくみを備えているサービスは多数存在します。このとき、利用者が入力した内容をそのまま投稿できるようになっていると、問題が発生する場合があります。

その1つが**クロスサイトスクリプティング（XSS[※1]）**で、利用者が入力したHTMLなどの構文をそのまま出力している場合に発生します。

HTMLを含んだ内容を投稿できると、文字の大きさや色を変えることができて便利ですが（図4-10）、攻撃者にとっては任意の**スクリプト**（簡易的なプログラム）を投稿できるということです（図4-11）。このような投稿が可能になっていると、攻撃者が投稿した悪意のあるプログラムを、他の利用者の環境で実行させることが可能になります。

脆弱性を使って利用者を攻撃する

脆弱性のあるWebサイトに対して、攻撃者がスクリプトを投稿する処理を用意したとします。そして、攻撃者が用意したWebサイトを利用者が閲覧すると、それだけで脆弱性のあるWebサイトに自動的にスクリプトが投稿・実行されてしまう恐れがあります（図4-12）。

このように、「脆弱性のあるWebサイト」と「攻撃者のWebサイト」にまたがって発生するため、クロスサイトスクリプティングという名前がついています。この攻撃のポイントは、**脆弱性のあるWebサイトを直接攻撃するのではなく、そのようなWebサイトを悪用して「利用者を攻撃する」**ことです。

自動的に投稿されるため、利用者は被害に遭っていることに気づきません。例えば、メールに記載されたURLをクリックしただけで、ショッピングサイトから突然請求が届いたという事例もあります。

[※1] XSS：Cross Site Scripting の略。そのまま省略すると「CSS」だが、Cascading Style Sheetsと同じになるため、「Cross」を「X」とした「XSS」と略されることが多い。

図4-10 HTMLを含んだ投稿

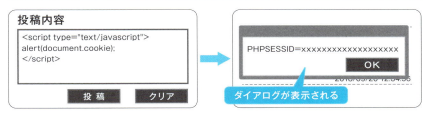

図4-11 スクリプトを含んだ投稿

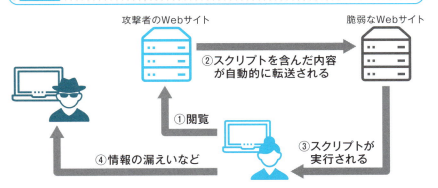

図4-12 クロスサイトスクリプティング

Point

- クロスサイトスクリプティングは複数のサイトにまたがって行われ、HTMLを含んだ内容を投稿できるサービスなどで発生する
- クロスサイトスクリプティングでは、利用者が被害に遭っていることに気づかない場合がある

4-6 クロスサイトリクエストフォージェリ

≫ 他人になりすまして攻撃

クロスサイトリクエストフォージェリ

　掲示板へ投稿する際、利用者はWebサーバから提供されるフォームに入力します。一般的には入力した内容を確認する画面が表示され、システム側は確認画面で承諾した内容だけを受け付けるようになっています。しかし、ここで適切なチェックが行われていないと、悪意を持ったプログラムで直接投稿できてしまう場合があり、クロスサイトリクエストフォージェリ（CSRF：Cross Site Request Forgeries）と呼ばれています（図4-13）。

　この脆弱性が存在すると、別のサイトに用意したリンクをクリックさせるだけで、利用者に投稿内容の確認画面を見せることなく、掲示板に任意の内容を投稿させることが可能です。具体的には、インターネットショッピングで勝手に商品を購入させたり、掲示板に犯行予告などを投稿させたりできます。手口として、攻撃者が用意したWebサイトにアクセスするようにDMなどで連絡する方法が使われます。このURLにアクセスすると、攻撃者が作成したスクリプトが実行され、不正操作が行われるというしくみです。

　開発者としては、投稿する際に照合データをあわせて送信し、照合データをチェックする対策を行います（図4-14）。

利用者側の対策としてのログアウト

　上記のような脆弱性がSNSなどのサービスに存在する場合、ログインしたままの状況だと、いつでも不正な投稿ができてしまいます。面倒でも、必要な作業が終わったらログアウトする癖をつけておきましょう。

　この脆弱性はサービス提供者側が対策することが前提ですが、被害を抑えるという意味では、利用者側がログアウトすることに加え、不審なリンクをクリックしないことが大切です。

　また、このような投稿が行われるとニュースになることも多いため、最新情報にも注意しておきましょう。

図4-13 クロスサイトリクエストフォージェリ

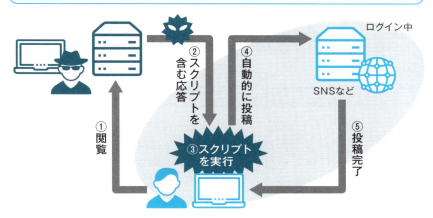

図4-14 クロスサイトリクエストフォージェリの予防策(開発者側)

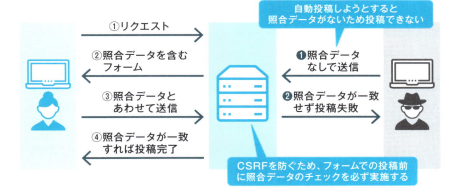

Point

- クロスサイトリクエストフォージェリの脆弱性があると、利用者の知らないところで勝手に投稿が行われたり、商品を購入されたりする
- サービス提供側としては、入力フォームに照合用のデータを埋め込むなどの対策を行う
- 利用者側の対策として、ログインが必要なサービスでは、必要な作業が終わったらログアウトすることも有効である

4-7 セッションハイジャック

» ログイン状態の乗っ取り

同じ利用者を識別する「セッション」のしくみ

　ショッピングサイトなどを利用すると、一度ログインするだけで他のページに遷移してもログイン状態が保持されています。ところが、Webブラウザで使われるHTTPというプロトコルでは、複数のページにわたって同じ利用者であることを判定するしくみがありません。そこで、WebブラウザとWebサーバの間で同じ利用者を識別するために、Cookieと呼ばれる値を毎回送信する方法や、URLにパラメータを渡す方法、隠しフィールドを使う方法などが使われます。

　このように同じ利用者を識別するためのしくみを**セッション**と呼びます（**図4-15**）。しかし、このセッションを管理するしくみが悪用されると、他の人になりすますことが可能になってしまいます。

他人のセッションの乗っ取り

　Webで使われる**HTTPでは暗号化がされていない**ため、上記のいずれの識別方法を使っても、セッション情報が盗まれると容易に改ざんが可能です。セッション情報を改ざんして他の利用者が利用中のアプリケーションを乗っ取ることを**セッションハイジャック**と呼びます。

　セッションハイジャックは、利用者がWebアプリケーションにログインした際に発行される「セッションID」を攻撃者が不正に取得することで、利用者になりすます攻撃です。パスワードを知らなくても他人になりすますことができます。

　セッションハイジャックの手口としては、肩越しに盗み見るショルダーハッキングや規則性を使っての推測、クロスサイトスクリプティングや**リファラ**※2を使ったもの、パケットの盗聴などがあります。

　例えば、URLのパラメータにセッションIDが指定されていると、遷移先のWebサイトの管理者はブラウザから送出されてくるリファラの情報を閲覧することで、セッションIDを知ることができます（**図4-16**）。

※2　リファラ：呼び出し元（リンク元）のURL情報のこと。

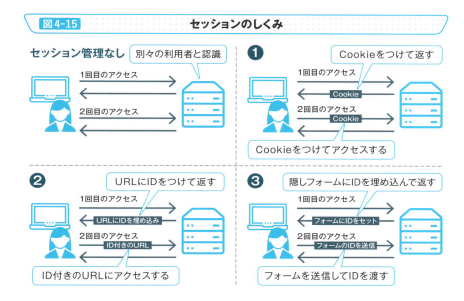

図4-15 セッションのしくみ

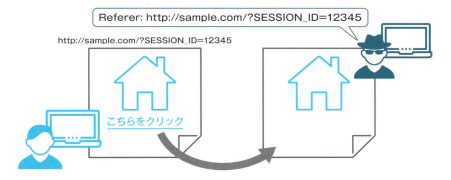

図4-16 セッションハイジャック

Point

- セッションハイジャックが行われると、他人になりすましてWeb上のサービスを利用される可能性がある
- 推測されないように、ランダムな値をセッションIDに使うことや、HTTPSで暗号化することが求められている

4-8 .... バッファオーバーフロー

» メモリ領域の超過を悪用

プログラム実行時に確保されるメモリ領域

プログラムを実行したとき、コンピュータの内部では一時記憶用の領域がそのコンピュータのメモリ上に確保されます。ここにはプログラムに対して入力されたデータなども格納されますが、入力データのサイズが大きすぎると、設計時に設定された領域を超えて格納しようとしてしまいます（図4-17）。

開発者がプログラムを実装する際に、このサイズをチェックして超えないように制限していれば問題ないのですが、そうでない場合は、入力として任意の文字列をこの領域に埋め込める可能性があります。もし攻撃者が悪意のあるコードを書き込んだ場合、任意のプログラムが実行可能になります。

確保された領域を超えると発生する問題

C言語やC++などのプログラミング言語で開発されたプログラムでは、メモリの使用をプログラマが適切に管理する必要があります。正しく管理されていない場合、**スタックオーバーフロー**、**ヒープオーバーフロー**、**整数オーバーフロー**などの問題が起こります。これらは**バッファオーバーフロー**といわれる脆弱性の一種で、想定していた領域を超えてアクセスすることによって発生するものです（図4-18）。

バッファオーバーフローがある状態、つまり用意された領域の外まで書き込みできる状態になっていると、前述のように攻撃者が用意した悪意のあるコードを実行されてしまう可能性があります。

最近のWebアプリケーションはJavaやPHP、Rubyといったプログラミング言語で実装されていることが多く、このような言語で作成されたプログラムではメモリの使用による脆弱性はほとんど発生しません。しかし、これらの言語で使う**フレームワークやミドルウェアの中にはC言語やC++などで実装されているものがあり、注意が必要**です。

図4-17 メモリの構成

コード領域・
テキスト領域
プログラム領域
実行されたプログラムが格納される領域
静的領域
プログラム全体で使われるデータが格納される領域
データ領域
ヒープ領域
データを格納するために動的に確保する領域
バッファ
バッファオーバーフロー
が発生
スタック領域
呼び出した関数の戻り先などを格納するための領域

図4-18 バッファオーバーフロー

入力された
データ
データの入力前
（スペースを確保）
確保した変数の
領域
他の変数
関数の戻り先
データの入力後
（スペースを占拠）
入力された
データ
他の領域を上書き

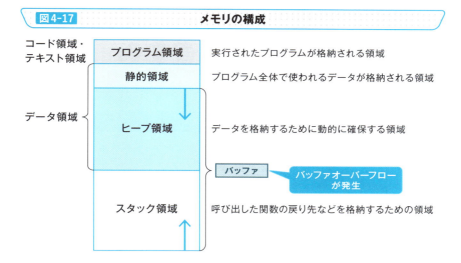

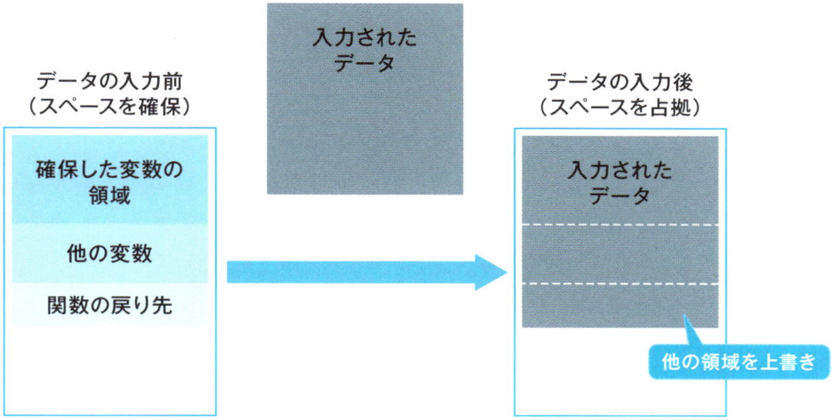

Point

- メモリの使用をプログラマが管理しなければならない言語を使っていると、バッファオーバーフローの脆弱性が発生する可能性がある
- 最近のスクリプト言語ではメモリの使用による脆弱性はほとんど発生しないが、内部の処理には脆弱性が残っている可能性がある

4-9 ·················· 脆弱性診断、ペネトレーションテスト、ポートスキャン

》 脆弱性の有無を検査する

攻撃者の立場で脆弱性を調べる

ほとんどの脆弱性は、ソフトウェアが開発された段階で作り込まれています。ただし、攻撃者は開発者が想定していない方法で侵入してくるため、開発者は脆弱性が存在することに気づきません。

そこで、脆弱性の有無をチェックする**脆弱性診断**が使われます（図4-19）。現在は無料の脆弱性診断ツールも登場しており、一般的な攻撃手法については手軽に調べることが可能です。ただし、ツールでは発見できない脆弱性も存在するので、多くの企業では専門家による手作業での診断も行っています。

しかし、**脆弱性診断で問題が発覚しなかったからといって、脆弱性が存在しないとはいえません。**あくまでも「その調査方法で実施した範囲に限り、脆弱性が存在しない」という確認であることに注意が必要です。

脆弱性があると判断された場合は、その脆弱性を狙って攻撃することで、具体的にどのような被害が発生するかを確認します。

ネットワーク上で稼働しているコンピュータに対し、既知の技術を用いて侵入を試みることで、システムに脆弱性がないかどうかテストする手法を**ペネトレーションテスト**や**侵入テスト**と呼びます。

ポート番号へのアクセスで弱点を調べられる

ネットワーク上で稼働しているコンピュータにおいて、ポート番号のアクセス可否を調査すれば、そのコンピュータが使っているプロトコルが判明します。例えば、FTPというプロトコルで通信しているコンピュータは、FTPのポートを開けています。

攻撃者は、どのようなポートが開いているか外部から情報収集する**ポートスキャン**と呼ばれるチェックを行います（図4-20）。開いているポートがわかると、そのプロトコルの弱点を狙った攻撃の戦略を立てやすくなります。対策として、不要なポートは閉じておくことが求められています。

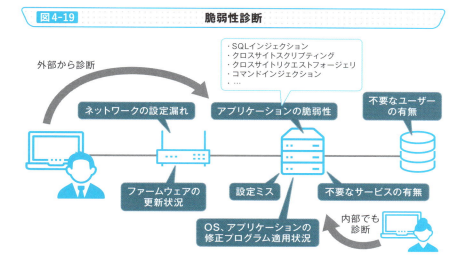

図4-19 脆弱性診断

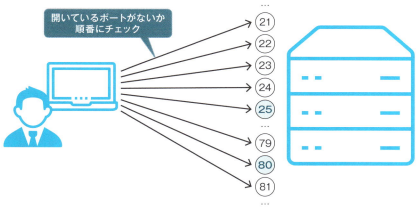

図4-20 ポートスキャン

Point

- 脆弱性診断を行って脆弱性の有無をチェックすることは、現在のソフトウェア開発では必須である
- ネットワーク上のポートに対するアクセス可否をチェックするポートスキャンを行うことで、コンピュータの弱点を調べられる

4-10 ··· WAF

» Webアプリケーションを典型的な攻撃から守る

Webアプリケーションを狙った典型的な攻撃を防ぐ

通常のファイアウォールとは異なる、Webアプリケーションを狙った典型的な攻撃から守るためのファイアウォールのことをWAF（Web Application Firewall）といい、通信内容を確認して攻撃と判断したものを遮断します（図4-21、図4-22）。

個々に開発されたWebアプリケーションがどのような仕様になっているか、WAFのメーカーは知る術がありません。そこで、メーカーがこれまでに検出した攻撃パターンなどをWAFに登録しておき、パターンにマッチした通信を不正アクセスとみなします。

通信を識別する方法にはブラックリスト方式とホワイトリスト方式があります。ブラックリスト方式では、SQLインジェクションなどの脆弱性に対する攻撃における、代表的な攻撃パターンを登録します。登録されている内容に該当する通信があれば、「不正」と判定できます。

一方のホワイトリスト方式では、「正常な通信」の代表的な入力内容を登録することで、リストに存在しない通信を「不正」と判断します。ホワイトリストは該当のWebアプリケーションの実装によって異なるため、導入時に設定する必要があります。手作業で定義する労力は膨大なので、一定期間は無条件に通信を許可しておき、その間の通信を学習して自動的にホワイトリストを生成する機能を備えたWAFもあります。

手軽に導入できるWAFの登場

WAFはハードウェアとして提供されるものだけでなく、Webサーバに導入するソフトウェア型のものもあります。最近ではSaaS型のWAFなどクラウド型の運用形態も登場しており、手軽に導入できる製品も増えています。**新たな攻撃に備えるには、導入以上に運用が重要**で、専任の技術者がいない場合はクラウド型の運用形態も有力な選択肢でしょう。

114

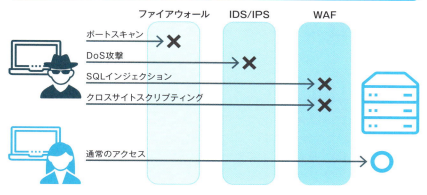

図4-21 WAFで防げる攻撃

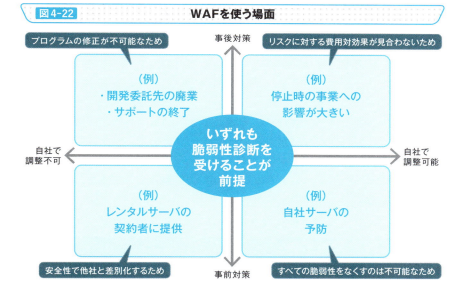

図4-22 WAFを使う場面

Point

- Webアプリケーションに脆弱性が存在するかどうか不明な場合でも、WAFの導入によりリスクを低減できる
- WAFを使うと既知の脆弱性を防ぐだけでなく、未知の脆弱性を防ぐことが可能な場合もある

セキュア・プログラミング

開発者が気をつけるべきこと

設計段階からセキュリティを考慮することの重要性

ソフトウェアの開発は「要件定義」に始まり、「設計」「実装」「テスト」「運用」などの工程があります（図4-23）。テストや運用の段階になってセキュリティのことを考えていたのでは、手戻りが発生して修正が必要になった場合、コストやスケジュールに大きな影響を与えます。

そこで、要件定義や設計などの**上流工程の段階で、セキュリティのことを意識して開発（セキュア・プログラミング）を行う**必要があります。例えば、設計の段階でシステム設計者とは別の担当者に**セキュリティレビュー**を行ってもらう、などの方法が考えられます。

また、実装の工程では開発者だけでなく、別のメンバーも含めて**ソースコードレビュー**を行うことで、不具合だけでなくセキュリティ面での脆弱性についても確認できます。

テストの工程では、設計通りの実装ができているか、設計段階で検討していなかった脆弱性がないか、といったチェックを行います。不具合を調べるためのテストと同様に、ホワイトボックステストとブラックボックステストを組み合わせて行いますが、**どのようなテストをするか、設計段階で検討しておく**ことが必要です。

設計原則と実装原則

IPAによる「セキュア・プログラミング講座」では、**設計原則**と**実装原則**が紹介されています。設計原則として、「Saltzer & Schroeder の 8 原則」、実装原則として「SEI CERT Top 10 Secure Coding Practices」が挙げられています。

また、セキュア・プログラミングには脆弱性を作り込まない**根本的解決**と予防的に影響を軽減する**保険的対策**があります（図4-24）。具体的な対策方法は、IPAが提供する「安全なウェブサイトの作り方」などを参考にします。

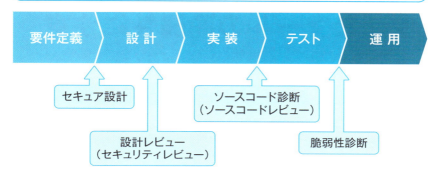

図4-23 開発工程とセキュア・プログラミング

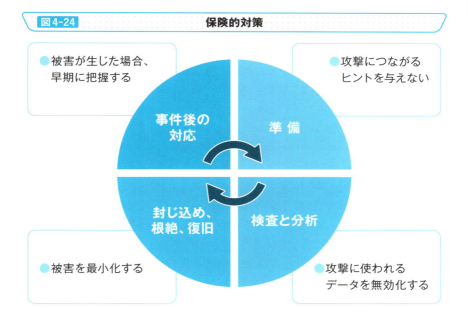

図4-24 保険的対策

Point

- セキュアなシステムを開発する際には、要件定義や設計段階からセキュリティを意識することで手戻りを防ぐことにつながる
- 脆弱性などからシステムを守るには、根本的解決と保険的対策を併用し、安全性を高める

4-12 .... プラグイン、CMS

» 便利なツールの脆弱性に注意

誰でも機能を追加できる「プラグイン」

　自社が開発したソフトウェアでなければ、そのソフトウェアに存在する機能以外を勝手に追加することは一般的にできません。ただし、第三者が機能を追加できるソフトウェアもあり、**プラグイン、アドオン、アドイン**などと呼ばれます。[※3]（図4-25）

　Webブラウザのプラグインでは、一般の開発者が作成した多くの機能が提供されています。また、WordやExcelなどのOfficeソフトの場合、「マクロ」という形で機能を追加できる場合があります。

　プラグインは便利である一方、自由に機能を追加できることから悪意のある処理が作り込まれている場合があり、導入には注意が必要です。

コンテンツを簡単に更新できる「CMS」のリスク

　多くの企業が自社のWebサイトを運営していますが、Webサイトを更新するには文章や画像を用意するだけでなく、HTMLやCSSと呼ばれるファイルを作成しなければなりません。他のページとの間を簡単に移動できるようにするにはリンクを設定する必要もあり、手作業で行っていると手間がかかります。

　そこで、ブログなどのように文章や画像を用意するだけで、誰でも簡単にWebサイトを更新・管理できる便利なシステムとして**CMS**（Contents Management System）があります（図4-26）。CMSを使うと、自社のサーバに設置したシステムにおいて、ブログと同様に簡単に更新できるしくみを構築できます。

　しかし、このようなCMSにも脆弱性が多く見つかっています。CMSをカスタマイズするためにプラグインを導入していると、そのプラグインに問題がある場合も考えられるので、**CMSやプラグインに脆弱性が公開されていないか常にチェックする**必要があります。

[※3]「拡張機能」や「拡張パック」などと呼ばれることもある。

図4-25　プラグインのイメージ

図4-26　CMSのイメージ

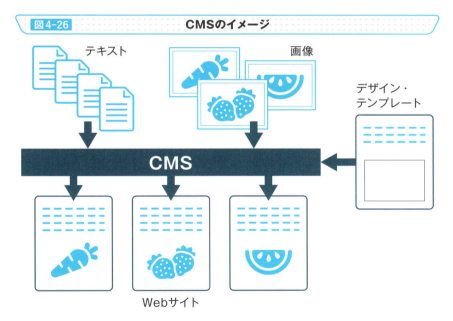

Point

- プラグインを使うと、既存のソフトウェアに機能を追加できるが、悪意のある処理が埋め込まれている場合がある
- Webサイトなどを簡単に更新できるシステムとしてCMSがあるが、CMSそのものやプラグインに脆弱性が存在する可能性がある

4-13

JVN、CVSS

≫ 脆弱性を定量的に評価する

脆弱性情報のポータルサイト「JVN」

脆弱性情報は各メーカーのサイトなどで公開されますが、利用者がそれぞれを調べるのは手間がかかります。そこで活用したいのが、公的機関であるJPCERT／CCとIPAが共同で運営している脆弱性情報のポータルサイトであるJVN（Japan Vulnerability Notes）です（図4-27）。日本で使用されているソフトウェアなどの脆弱性関連情報とその対策情報としてJPCERT／CCに届け出られた内容に加え、海外の脆弱性情報データベースに掲載された内容を提供し、情報セキュリティ対策に役立てることを目的としています。

また、国内外問わず日々公開される脆弱性対策情報を収集・蓄積することを目的とした脆弱性対策情報データベースとしてJVN iPediaがあり、目的の脆弱性対策情報に容易にアクセスできるように、さまざまな検索機能が用意されています。これを使えば、キーワードやベンダー名、製品名などによる検索が可能で、欲しい情報を絞り込んで確認できます。また、MyJVN APIというAPI[4]が提供されており、これを利用すると、JVN iPediaに登録されている脆弱性対策情報を利用したサイトなどを開発できます。

脆弱性の深刻度を数値化する「CVSS」

脆弱性が存在することがわかっても、その深刻度がわからないと、いつまでに対応すればよいか判断できません。そこで、JVNでは脆弱性の深刻度を評価するための指標としてCVSS（Common Vulnerability Scoring System）を使用しています（図4-28）。

CVSSは脆弱性に対するオープンで汎用的な評価手法で、国際的に使われています。**企業や担当者に依存せず、1つの基準で定量的に「脆弱性の深刻度」を比較できる**ため、公開されている脆弱性のうち、優先して対策を実施すべきものがどれかを判断できます。

※4 API：Application Programming Interfaceの略。ここでは、Webサービスの機能を外部から利用できるインタフェースのこと。

図4-27 JVNのメリット

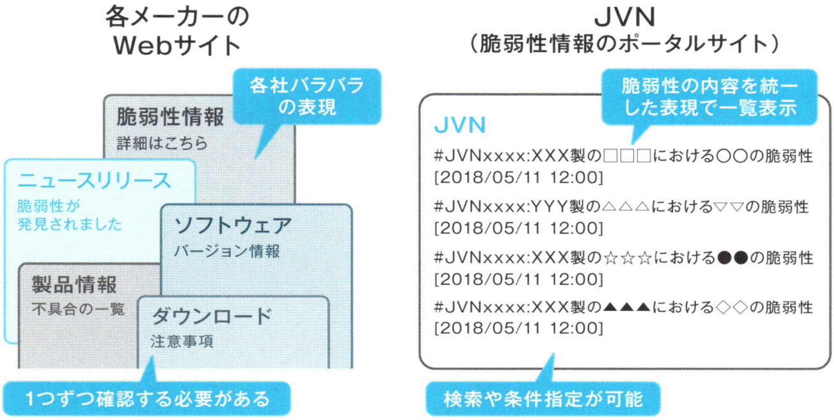

各メーカーのWebサイト
- 脆弱性情報 詳細はこちら
- ニュースリリース 脆弱性が発見されました
- ソフトウェア バージョン情報
- 製品情報 不具合の一覧
- ダウンロード 注意事項

各社バラバラの表現

1つずつ確認する必要がある

JVN（脆弱性情報のポータルサイト）

脆弱性の内容を統一した表現で一覧表示

JVN
#JVNxxxx:XXX製の□□□における○○の脆弱性
[2018/05/11 12:00]
#JVNxxxx:YYY製の△△△における▽▽の脆弱性
[2018/05/11 12:00]
#JVNxxxx:XXX製の☆☆☆における●●の脆弱性
[2018/05/11 12:00]
#JVNxxxx:XXX製の▲▲▲における◇◇の脆弱性
[2018/05/11 12:00]

検索や条件指定が可能

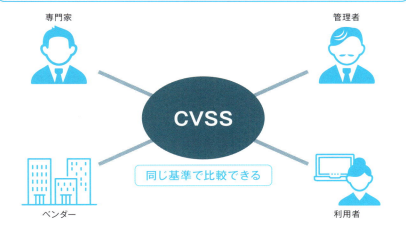

図4-28 CVSSの効果

専門家　管理者
CVSS
同じ基準で比較できる
ベンダー　利用者

Point

- JVNを使うと、各メーカーが提供する情報を一覧で収集でき、統一されたフォーマットで確認できる
- CVSSを使うと、脆弱性の深刻度を同じ基準で比較できるため、優先して対応すべきものを判断できる

4-14 　　　　　　　　情報セキュリティ早期警戒パートナーシップガイドライン

≫ 脆弱性情報を報告・共有する

脆弱性に関する情報の取り扱いについての問題点

　誰かが脆弱性を発見した場合、修正プログラムが提供されていないうちに勝手に公開されてしまうと、他の利用者が被害に遭う可能性があります。また、利用者が開発元に報告しても、「開発者が対応してくれない」「対応が遅い」となると意味がありません。そこで、開発体制の整備や対応窓口の設置が必要になります。

　開発者にとっても、脆弱性がどのような経路で報告されるのかわからないと対応できません。また、対応できる体制が整っていても、開発者が自己保身に走ってしまうと、情報の共有が遅れる可能性があります。

脆弱性情報を共有しやすいしくみ

　脆弱性に関する情報を円滑に流通し、迅速な対策を実施するために、官民一体となって情報をやりとりする体制が整備されています。この体制において、それぞれの立場での対応を明文化したものが情報セキュリティ早期警戒パートナーシップガイドラインです。

　一般のソフトウェアとWebアプリケーションでは調整機関が分かれており、それぞれJPCERT/CCとIPAが担当しています。これらの調整機関は、利用者に対して脆弱性情報をまとめて提供できるように一元管理するだけでなく、各企業に対して脆弱性の報告や対応状況の確認を行っています（図4-29、図4-30）。

　このガイドラインは、主に日本国内で利用されているソフトウェア製品や、主に日本国内からのアクセスが想定されているWebサイトで稼働するWebアプリケーションに適用されています。強制力はありませんが、このガイドラインにより脆弱性情報を活用・管理できることが期待されます。

図4-29　ソフトウェア製品の脆弱性関連情報取り扱いフロー

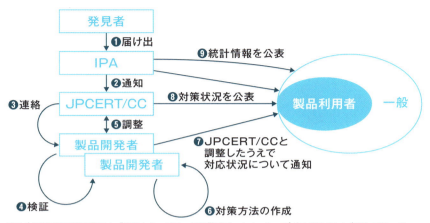

出典：情報処理推進機構ほか「情報セキュリティ早期警戒パートナーシップガイドライン」（URL：https://www.ipa.go.jp/files/000059694.pdf）をもとに作成

図4-30　Webアプリケーションの脆弱性関連情報取り扱いフロー

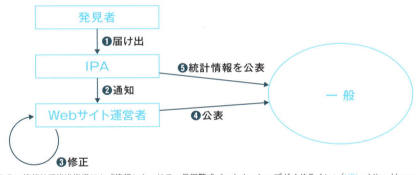

出典：情報処理推進機構ほか「情報セキュリティ早期警戒パートナーシップガイドライン」（URL：https://www.ipa.go.jp/files/000059694.pdf）をもとに作成

Point

- 脆弱性を発見した場合は、IPAに報告すると、その区分によってIPAやJPCERT/CCが開発者や運営者と調整を行う
- 情報セキュリティ早期警戒パートナーシップガイドラインに強制力はないが、脆弱性情報の活用が期待されている

やってみよう

脆弱性を数値で評価してみよう

　JVNのサイトでは、脆弱性が発見されたソフトウェアについて、その脆弱性の深刻度を評価し、脆弱性そのものの特性を評価する「基本値」を公開しています。ただし、この基本値は時間が経過しても変わりません。利用環境が違っても同じ値になります。

　実際は、攻撃コードの有無や正式な対策情報の有無によって評価結果は変わるはずですし、自社の利用環境によってその深刻度は変わるでしょう。そこで、公開されている「CVSS計算ソフトウェア」（https://jvndb.jvn.jp/cvss/）を使って、脆弱性の深刻度を計算してみましょう。

❶ JVN（https://jvn.jp/jp/）にアクセスし、気になる脆弱性を確認します。
❷ CVSS計算ソフトウェア（https://jvndb.jvn.jp/cvss/）にアクセスし、自社の環境を入力します。これで脆弱性の深刻度を計算できます。

暗号／署名／証明書とは

～秘密を守る技術～

第 5 章

5-1 .... 古典暗号、現代暗号

》 暗号の歴史

他人に文章を読み取られないようにする

　文章をやりとりするとき、仲間だけがわかるようにするためには、決められたルールで変換する必要があります。元の情報が他の人に知られないように変換することを**暗号化**と呼びます。

　暗号化された文章を受け取った人が、元の文章を知るためには、元に戻す作業が必要です。これを**復号**と呼びます（「復号化」という言い方をしている文献もありますが、一般的には使いません）。

　この変換ルールが簡単に知られてしまうと、仲間以外が元の文章を解読できるため、できるだけ複雑な変換ルールが必要です。なお、変換された文章を**暗号文**、元の文章を**平文**と呼びます（図5-1）。

インターネット上で使われる「現代暗号」

　暗号は古くから多くの研究が行われてきました。わかりやすい例として、平文の文字に別の文字を割り当てる**換字式暗号**や、平文の文字を並べ替える**転置式暗号**などが知られています（図5-2）。

　換字式暗号の中でも特に有名なのが**シーザー暗号**で、平文に使われているアルファベットを、辞書順に3文字分ずらして暗号文を作ります（図5-3）。このとき、ずらす文字数を変えるとまったく異なる暗号文ができますが、暗号において、変換ルール（アルゴリズム）および**鍵**（ずらす文字数など）は重要な役割を果たします。

　ただし、これらの暗号方式（**古典暗号**）では、変換ルールさえわかってしまえば簡単に解読できてしまいます。一方、変換ルールが知られても、鍵さえ他の人に知られなければ安全なものは**現代暗号**と呼ばれ、インターネット上でのやりとりなどに使われています。

　古典暗号は暗号化と復号の内容がイメージしやすいため、勉強用に使われることがよくあります。

126

図5-1　暗号化と復号

平文
> これは重要な情報です。
> 社外に持ち出すことを禁止
> します。

暗号文
> 5AJ8DNJUI7PAHIU
> EN78NH#B40DHF6
> 3LNBXDIOWZ6XHK
> 7D3B

図5-2　換字式暗号と転置式暗号

換字式暗号

対応表
A	B	C	D	E	F	G	H	I	…
G	D	E	I	C	A	H	B	F	…

CAFE → EGAC

転置式暗号

Never say never. → 横方向に枠に入れる

N	e	v	e
r	s	a	
y	n	e	
v	e	r	.

→ 縦方向に取り出す → Nryve evsnreae

図5-3　シーザー暗号

3文字ずらす

CAFE → ZXCB

Point

- 「暗号化」してできる文章を「暗号文」と呼び、これを元に戻す作業を「復号」、元の文章を「平文」と呼ぶ
- 現代暗号では、鍵が他の人に知られなければ解読できないようなしくみが用いられている

5-2 共通鍵暗号

» 高速な暗号方式

鍵の管理の重要性

5-1 で述べた通り、同じ暗号化の手法（変換ルール）を使っていても、暗号化に使う鍵を変えることで、同じ平文から異なる暗号文を生成できます。つまり、異なる鍵を使えば、異なるグループが使っている暗号文を見ても、解読できません。

そこで、他のグループに鍵を知られないように、同じグループ内で鍵を共有・管理する方法が必要です。ただし、インターネットなどを利用する場合、相手が離れた場所にいる可能性があり、どうやって相手に鍵を渡すか、という問題が発生します。

さらに、通信する相手の数が増えると、その数だけ鍵が必要になり、膨大な鍵の管理が求められます。2人では1個の鍵で十分ですが、3人だと3個、4人だと6個、5人だと10個と増えていきます（図5-4）。

共通鍵暗号は負荷が小さい

前述のシーザー暗号では、暗号化と復号に同じ鍵（ずらす文字数）を使いました。このように、暗号化と復号に同じ1つの鍵を使う手法は**共通鍵暗号（対称鍵暗号）**と呼ばれます。鍵が知られてしまうと暗号文を復号できてしまうため、鍵を秘密にする必要があることから**秘密鍵暗号**とも呼ばれます。

共通鍵暗号は**簡単に実装でき、暗号化や復号の処理を高速に実行できます**。大きなファイルを暗号化するとき、処理に膨大な時間がかかるようでは実用に耐えないため、処理速度は重要です。

シーザー暗号が文字単位で処理するように、逐次暗号化する方法は**ストリーム暗号**と呼ばれています。現代暗号では、ストリーム暗号に加え、文字単位ではなく一定の長さでまとめて暗号化する**ブロック暗号**がよく使われており、**DES** や**トリプルDES**、**AES** などの方式が有名です（図5-5）。

図5-4　共通鍵暗号で問題となる鍵の数

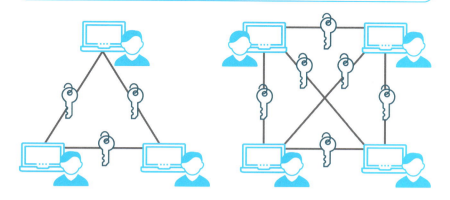

図5-5　共通鍵暗号のしくみ

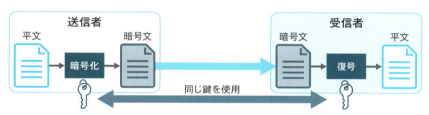

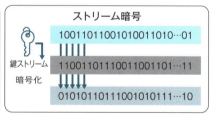

Point

- 通信する相手が増えると、それだけ鍵が必要になるだけでなく、相手にどうやって鍵を渡すかという「鍵配送問題」がある
- 共通鍵暗号では、暗号化と復号で同じ鍵を使う
- 現在多く使われているDESやトリプルDES、AESなどはブロック単位に分割して暗号化する「ブロック暗号」である

5-3 公開鍵暗号

》 鍵配送問題を解決した暗号

鍵の問題をクリアした「公開鍵暗号」

共通鍵暗号における、「鍵をどうやって伝えるか」「大量の鍵をどう管理するか」といった問題点を解決した暗号化方式が**公開鍵暗号**です。暗号化と復号で異なる鍵を使うことから、**非対称暗号**とも呼ばれます（図5-6）。

暗号化と復号で使う鍵は、異なる鍵といってもそれぞれ独立しているものではなく、対になっています。1つは**公開鍵**といい、第三者に公開しても構いません。もう一方は**秘密鍵**といい、本人以外には絶対に知られないようにする必要があります。

例えば、AさんからBさんにデータを送信するとき、Bさんは一対の公開鍵と秘密鍵を用意し、公開鍵を公開します。AさんはBさんの公開鍵を使ってデータを暗号化し、その暗号文をBさんに送ります。Bさんは受け取った暗号文を、Bさんの持つ秘密鍵で復号して、元のデータを得ることができます。このとき、秘密鍵はBさんしか知らないため、暗号文を第三者に盗聴されても復号されることはありません（図5-7）。

公開鍵暗号のメリットとデメリット

公開鍵暗号では、それぞれで用意する鍵は2つ（公開鍵と秘密鍵）だけです。つまり、**通信する相手の数が増えても、用意する鍵が増えることはありません**。また、暗号文をやりとりする場合は、受信側が公開鍵を公開するだけで済むため、共通鍵暗号のように鍵をどうやって伝えるか、という問題も発生しません。

一方で、公開鍵暗号は共通鍵暗号と比べ、複雑な計算を行います。そのため負荷が高く、大きなファイルの暗号化には向きません。また、そもそも公開鍵を公開した相手が本人であることを証明するため、認証局や証明書が必要になります（**5-4**参照）。さらに、後述する「中間者攻撃」の恐れがあるという注意点もあります（**5-14**参照）。

| 図5-6 | 共通鍵暗号と公開鍵暗号の違い |

| 図5-7 | 公開鍵暗号でのやりとり |

Point

- 公開鍵暗号では通信相手が増えても鍵の数が増えず、鍵配送問題も解消されている
- 公開鍵暗号では、その公開鍵を発行した相手が本人であることを証明するために認証局や証明書が必要である

証明書、認証局、PKI、ルート証明書、サーバ証明書

公開鍵暗号を支える技術

正しい相手だと証明する「証明書」「認証局」「PKI」

公開鍵暗号には、**公開された鍵が正しい相手の鍵である保証がない**という不安があります。AさんがBさんになりすまして、Bさんの公開鍵を公開しても、それが正しいかを判断できません。公開鍵と秘密鍵を作成するのは自由なので、Bさんになりすますことが可能なのです。

実社会でも、他人になりすまして印鑑を作成されると、その印鑑が本人のものか判断できません。ただし印鑑の場合は、公的機関に印鑑登録しておけば、印鑑証明書によって本人のものであることを確認できます。

公開鍵暗号も同様で、公開鍵を管理する認証機関によって「間違いない相手である」という証明書が発行されると、安心して取引を行うことができます。この機関を**認証局**（Certificate Authority：**CA**）と呼び、こうした認証の基盤になっているのが **PKI**（Public Key Infrastructure：**公開鍵基盤**）です（図5-8）。

認証局と証明書の信頼性を確認するしくみ

認証局は誰でも作れるので、攻撃者が勝手に作成した認証局では信頼できません。そこで、信頼できる認証局によって発行された証明書であることを検証するために**証明書チェーン**が使われます。

証明書チェーンは**認証パス**とも呼ばれ、その証明書を発行した認証局を順にたどって、信頼できる認証局までたどれるかどうかを調べるために使われます。図5-9のように、発行された証明書に含まれる認証局のデジタル署名を順に確認し、最上位の認証局に到達できるか確認します。

この最上位にあたる証明書を**ルート証明書**と呼びます。Webサイトを閲覧するときに使われるルート証明書は、Webブラウザをインストールした際に自動的に導入されています。

Webサイトの場合、配信しているWebサーバに**サーバ証明書**を配置しておくことで、そのWebサーバが信頼できるかを確認します。

| 図5-8 | 認証局による証明書の発行 |

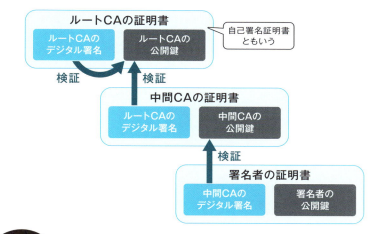

| 図5-9 | 証明書チェーン |

Point

- 認証局によって発行された証明書により、本人のものであることを証明できる
- 信頼できる認証局であることを確認するために、ルートCAの証明書から連なる証明書チェーンで検証する

5-5 .... ハッシュ

改ざんの検出に使われる技術

内容を変えると大幅に値が変わるハッシュ

データを送受信するとき、処理が正常に終了しても、通信経路上で改ざんされていると大変です。また、受け取ったデータが壊れていると、その後の処理が進められません。

そこで、送信されたデータと受信したデータが同一であることを確認する必要があります。このような場面で使われるのが**ハッシュ**で、ハッシュを求めるために使われる処理を**ハッシュ関数**、求められた値を**ハッシュ値**と呼びます。ハッシュには以下の特徴があります（図5-10）。

- ハッシュ関数を適用した結果から元のメッセージが推定できない
- メッセージの長さに関係なく、ハッシュ値の長さが一定である
- 同じハッシュ値になる別のメッセージを作成することが困難である

送信されたデータと内容が少しでも変わっていると、ハッシュ値は大幅に変わります。このため、受信したデータのハッシュ値を比較することで、同一のデータであることを確認できます。

ハッシュの活用方法

ハッシュが使われる例として、Webサイトからダウンロードしたファイルが壊れていないことを確認する用途があります。ダウンロードするファイルと一緒に、そのファイルのハッシュ値を公開しておくことにより、ダウンロードした人は正しいファイルだと確認できます（図5-11）。

パスワードを保管する目的で使用されることもあります。入力されたパスワードを管理者はそのまま保管するのではなくハッシュ値で保管し、ログイン時にはパスワードではなくハッシュ値を比較してログイン処理を行います。ハッシュ値が漏えいしても、**パスワードはハッシュ値から求めることができないため、漏えいのリスクを抑えられます**（図5-12）。

134

| 図5-10 | ハッシュの特徴 |

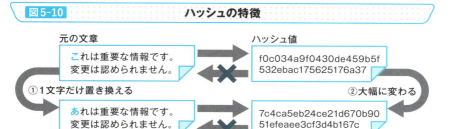

| 図5-11 | ハッシュ値でファイルが正しいか確認する |

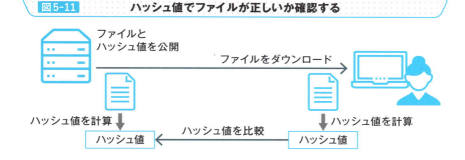

| 図5-12 | パスワードをハッシュ値で保管する |

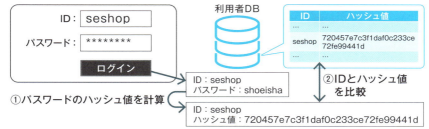

Point

- ハッシュ値を比較することで、データが書き換えられていないことを確認できる
- パスワードを保管するときにハッシュ値を使うことで、漏えいしたときのリスクを抑えることができる

5-6 ·· 電子署名、デジタル署名

≫ 公開鍵暗号のしくみを署名に使う

電子署名が必要な理由とデジタル署名

　印鑑やサインは、「本人が作成した」もしくは「承認した」ということ
を証明するために使われます。紙の書類であれば、印鑑を押した後に勝手
に書き換えられることはほぼありませんが、最近は文書やデータが電子化
されています。

　このような電子ファイルは内容の変更が簡単であり、他人が作成した内
容をコピーして、作成者の名前を変えることも難しくありません。作成し
た後で第三者によって変更されていても、気づかない人は多いでしょう。
悪意を持って改ざんされていると、その検知は困難です。

　そこで、電子ファイルに対して電子署名を行うことで、データの内容に
対する信頼性を高める必要があります。公開鍵暗号を用いた電子署名を特
にデジタル署名と呼び、これが一般的に用いられています（図5-13）。

デジタル署名のしくみ

　デジタル署名を用いて文書に署名するには、署名者は電子文書のハッシ
ュ値を計算し、「署名者の秘密鍵」で暗号化します。そして「電子文書」
「暗号化したハッシュ値」「電子証明書」の3点を検証者に渡します。

　検証者は「暗号化したハッシュ値」を「電子証明書に含まれる署名者の
公開鍵」で復号し、電子文書から算出したハッシュ値と比較することで検
証します。

　秘密鍵は署名者しか持っていないため、正しく復号できれば、暗号化さ
れた電子文書は署名者が作成したものであることが証明されます。また、
このしくみにより、**署名者はその電子文書を作成したという事実を否認で
きなくなります**。さらに、ハッシュ値が一致したことで、電子文書が改ざ
んされていないことも保証できます（図5-14）。

136

図5-13 公開鍵暗号とデジタル署名の関係（RSA暗号※1の場合）

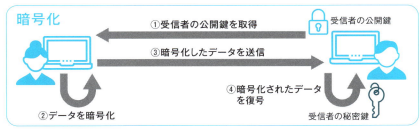

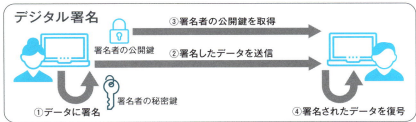

図5-14 デジタル署名のしくみ

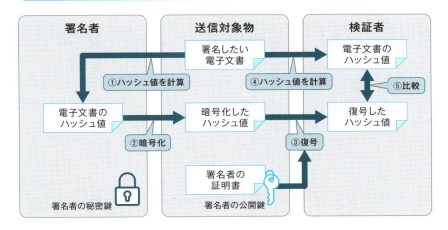

> **Point**
> - 電子署名の方法として、公開鍵暗号を用いたデジタル署名がある
> - デジタル署名により改ざんされていないことを保証できる

※1 RSA暗号については**5-9**を参照。

5-7 .... ハイブリッド暗号、SSL

共通鍵暗号と公開鍵暗号の組み合わせ

共通鍵暗号と公開鍵暗号のハイブリッド

　共通鍵暗号は高速に処理できる一方で、鍵の安全な配送や、鍵の管理に難点がありました。また、公開鍵暗号は鍵の配送や管理が簡単な一方で、処理に時間がかかるという欠点がありました。

　どちらも長所と短所がある方式ですが、それぞれの長所を生かし、短所を補うために、これらとハッシュなどを組み合わせたハイブリッド暗号が使われています。

　例えば、「共通鍵暗号の鍵をネットワーク経由で渡す」「通信相手が正しいかどうかを判定する認証用のデータをやりとりする」といった重要なデータの受け渡しに公開鍵暗号を、実際に送信する大きなデータの暗号化は共通鍵暗号を、データの完全性の確認にハッシュを使います（図5-15）。

SSLにおける組み合わせ

　WebブラウザでWebサイトを閲覧するときに発生する通信を暗号化するしくみとして、SSL（Secure Sockets Layer）やTLS（Transport Layer Security）があります。SSLやTLSでは共通鍵暗号と公開鍵暗号を組み合わせて使います。

　利用者がサーバに接続を要求すると、サーバは「サーバの公開鍵」を返します（実際にはサーバの証明書を返す）。利用者は準備した共通鍵を、「サーバの公開鍵」で暗号化し、サーバに送信します。サーバ側は、「サーバの秘密鍵」で復号して共通鍵を取り出します（公開鍵暗号を使う）。

　また、利用者は準備した共通鍵でデータを暗号化します。このデータをサーバに送信すると、サーバ側は先ほど取り出した共通鍵で復号し、データを取り出すことができます。逆に、サーバ側からデータを利用者に送るときも、同じように共通鍵で暗号化して送信し、利用者は共通鍵で復号してデータを取り出せます（共通鍵暗号を使う）（図5-16）。

図 5-15　ハイブリッド暗号の特徴

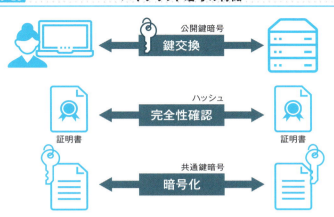

図 5-16　SSLにおける暗号化の手順

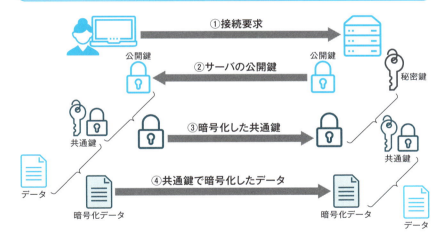

Point

- ハイブリッド暗号は、公開鍵暗号と秘密鍵暗号の組み合わせることでそれぞれの長所を生かしている
- SSLやTLSにおいても、共通鍵の交換に公開鍵暗号を使い、データの暗号には共通鍵暗号を使っている

HTTPS、常時SSL、SSLアクセラレータ

Webサイトの安全性は鍵マークが目印

通信の暗号化とサイトの存在を証明する「HTTPS」

個人情報を保護する機運が高まる中、Webサイトでクレジットカード番号や個人情報を入力するときに、通信の暗号化を確認することが当たり前になりました。公衆無線LANの普及により、外出先でインターネットに接続するときに盗聴のリスクを懸念する人も増えています。

WebサイトがSSLやTLSに対応している場合、**HTTPS**というプロトコルが使われ、「https」で始まるURLに加え、鍵のアイコンが表示されます。このアイコンをクリックすると、そのサーバで使用されている「証明書」が表示でき、**サイトの実在性**を証明できます（図5-17）。

Webブラウザは、この証明書が信頼できるものかをチェックし、信頼できる場合は受け入れてWebサイトを表示します。証明書が信頼できない場合、「証明書が信頼できません」という警告の表示が出ます。

「常時SSL」が求められる背景

これまで、SSLは導入に費用がかかることや、応答速度の低下がネックでした。そのため、暗号化しなかったり、入力フォームのページのみHTTPSにする対応が行われたりしていました。

しかし、検索サイトがSSL化したことに加え、SSL化したサイトが検索サイトで上位に表示されるなどの変更があり、サイト内の全ページをSSL化する**常時SSL**が一気に普及しました（図5-18）。SSL化しないとアクセス解析に影響があるだけでなく、**検索結果で上位に表示されずにアクセス数が減少する**可能性もあります。

SSLにおける暗号化・復号の処理は、Webサーバにとって負担が大きく、応答速度の低下を招く可能性があり、さまざまな対策が考えられています。例えば、新しいプロトコルである**HTTP/2**の導入による高速化があります。さらに**SSLアクセラレータ**という専用ハードウェアによって暗号化し、サーバの負荷を下げる方法もあります。

図5-17 証明書の内容を確認する

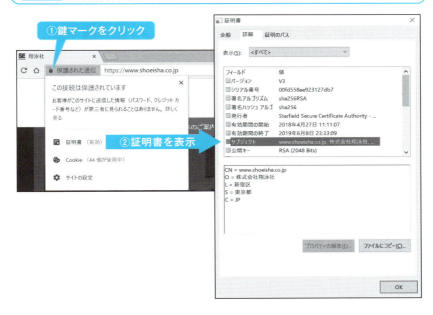

図5-18 常時SSLによる全ページの暗号化

Point

- HTTPSはサーバに設置された証明書により、通信の暗号化だけでなく、サイトの実在性証明が可能である
- 昨今ではセキュリティ面だけでなく、検索サイトの上位表示などビジネス面からも常時SSLが求められている

5-9 .... RSA暗号、楕円曲線暗号

≫ 安全性をさらに追求した暗号

素因数分解の複雑さを利用した「RSA暗号」

公開鍵暗号の手法として、現在多く用いられているのはRSA暗号です。これは、大きな数の素因数分解が難しいことを利用しています。

例えば、15を素因数分解して3×5にするのは簡単にできます。一方、10001を素因数分解すると73×137ですが、これを手作業で計算すると非常に時間がかかります。この程度であれば、コンピュータを使えば一瞬で計算できますが、もっと大きな数になると、最新のコンピュータでも簡単には解けなくなります（図5-19）。

このようにRSA暗号では、**桁数が増えるだけで、素因数分解は非常に難しい問題になる**ということを利用しています。ただし、コンピュータの性能向上に伴い、解読できる桁数が増えている一方で、さらに桁数を増やすと処理時間がかかるという問題があります。現時点ではまだ安全だといわれていますが、今後について検討すべき時期に来ています。

RSA暗号に代わって主流になりつつある「楕円曲線暗号」

公開鍵暗号において、RSA暗号に代わる方法として楕円曲線暗号が注目されています。楕円曲線暗号は、「楕円曲線上の離散対数問題」と呼ばれる問題を根拠としており、**量子コンピュータ以外では効率的に解くアルゴリズムが得られていない**という特徴があります。

RSA暗号より鍵の長さを短くしても同じレベルの安全性を確保できるとされており、1024ビットのRSA暗号が160ビットの楕円曲線暗号と同等の安全性だといわれています（図5-20）。今後は公開鍵暗号の中心的な役割を担うことが期待されています。

楕円曲線暗号を使った証明書はSSLなどでもすでに発行されており、実用化されているレベルにあります。対応しているサーバやブラウザも増え、今後は標準的に使われるでしょう。

図5-19　RSA暗号で用いる素因数分解

暗号化するとき

3×5＝15

73×137＝10001

解読するとき

15＝p×q → p＝?、q＝?　手作業でも解ける

10001＝p×q → p＝?、q＝?　コンピュータなら一瞬で解ける

3490529510847650949147849619903898133417764638493387843990820577
×3276913299326670954996198819083446141317764296799294253979828 8533
＝1143816257578888676692357799761466120102182967212423625625618429
3570693524573389783059712356395870505989907514759929002687954 3541

1143816257578888676692357799761466120102182967212423625625618429
3570693524573389783059712356395870505989907514759929002687954 3541
＝p×q

→ p＝?、q＝?　コンピュータなら現実的な時間内に解ける

もっと大きな数　→　コンピュータでも現実的な時間内に解けない……これをRSA暗号として使用

図5-20　RSA暗号と楕円曲線暗号の計算量

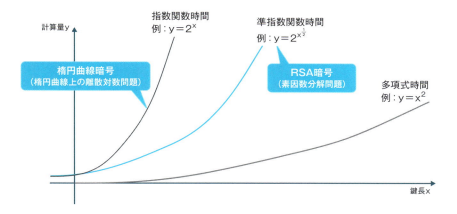

Point

- RSA暗号は、大きな数の素因数分解はコンピュータを使っても時間がかかるということを利用している
- RSA暗号の桁数が大きくなってきているため、より少ない桁数で同等の安全性を実現できる楕円曲線暗号が使われ始めている

暗号の危殆化、CRL

暗号が安全でなくなるとどうなる?

暗号が安全でなくなる

共通鍵暗号や公開鍵暗号は、鍵を知らない人が解読しようとすると、最新のコンピュータを用いても莫大な数の鍵を調べる必要があります。つまり、その解読に多くの時間が必要なことが、安全の根拠になっています。

しかし、コンピュータの性能はどんどん向上しています。するといつかは、多数のコンピュータを用いると鍵が発見されてしまう恐れがあり、暗号の安全性が保てなくなります。この状況を**暗号(アルゴリズム)の危殆化**といいます(図5-21)。これは、「大きな数の素因数分解を簡単に実行できる解法が発見される」といった場合も同様です。

また、秘密鍵が漏えいする事態が発生すると、暗号化した意味がなくなるため、このような状況を**暗号鍵の危殆化**ということもあります。

失効した証明書の管理

秘密鍵が漏えいした場合や、暗号方式が危殆化した場合、その証明書を使えなくする必要があります。これを「失効」といい、認証局は**証明書失効リスト**(**CRL**: Certificate Revocation List)に登録します(図5-22)。

CRLには失効している証明書をすべて掲載し、公開します。ここに登録されている証明書は使えなくなります。認証局としては、リストを配置するだけなので、サーバ側の管理は単純です。ただし、登録されている失効情報が増えてくると、CRLのサイズが肥大化してしまいます。また、すべての失効情報を毎回ダウンロードするのはムダが多いといえます。

CRLの問題を解決する方法として、調べたい証明書の情報を送信すると、サーバ側でCRLに掲載されているか確認する**OCSP**(Online Certificate Status Protocol)が使われる場合もあります。CRLのサイズが肥大化しても帯域幅を消費しないというメリットがありますが、要求に対して結果を返す処理を実装する必要があり、サーバを管理する負担が生じます。

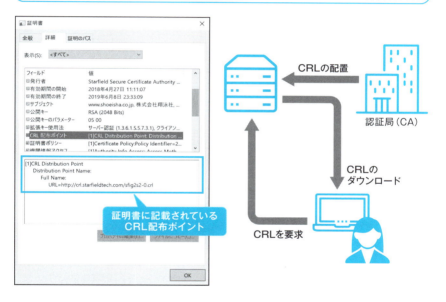

Point

- コンピュータの性能向上や並列化によるものだけでなく、暗号アルゴリズムに不具合が発見されたり、効率的な解法が発見されたりすることにより、暗号が危殆化する場合がある
- 認証局が失効した証明書をCRLに登録することで、発行した証明書を使えなくすることができる

5-11 ···················· PGP、S/MIME、SMTP over SSL、POP over SSL

≫ メールの安全性を高める

メールを暗号化する

　電子メールの送受信では、SMTP（Simple Mail Transfer Protocol）と
POP（Post Office Protocol）というプロトコルが多く使われていました。
しかし、SMTP と POP を利用した電子メールは平文のまま送受信されて
います。つまり、盗聴や改ざんなどが技術的には可能です。

　そこで、電子メールを暗号化する方法として、これまで PGP（Pretty
Good Privacy）や S/MIME（Secure Multipurpose Internet Mail Extensions）
といった方法が用いられてきました（図5-23）。

　PGP と S/MIME のどちらも、公開鍵暗号を使った暗号化と電子署名を利
用できます。これにより、盗聴を防ぐだけでなく、送信者を確実に確認で
き、内容が改ざんされていないことも検証できます。ただし、**送信者と受
信者の双方が PGP や S/MIME に対応している**必要があります。また、S/
MIME の場合は認証局によって証明書を発行してもらう必要があり、手続
きが面倒なだけでなくコストもかかります。

通信経路を暗号化する

　Web サイトの閲覧に使われる HTTPS と同様に、メールを通信経路で暗
号化する方法として SMTP over SSL と POP over SSL があります。

　メール送信時に SMTP over SSL を使うと、「送信者」と「送信者のメー
ルサーバ」の間の通信が暗号化されます。また、メールの受信時に POP
over SSL を使うと、「受信者のメールサーバ」と「受信者」の間の通信が
暗号化されます（図5-24）。

　これではメールサーバ間の通信が暗号化されないため、これまでは普及
していませんでした。しかし、最近は Gmail などのメールサーバが対応し
たことで、それを使えば今まで**自社の暗号化の範囲外であった通信経路も
暗号化が保証**されるようになり、一気に導入が進んでいます。S/MIME の
ように個別に証明書を発行する必要もありません。

146

図5-23 **PGPやS/MIMEの暗号化範囲**

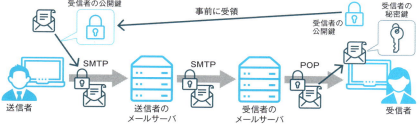

図5-24 **SMTP over SSLとPOP over SSLの暗号化範囲**

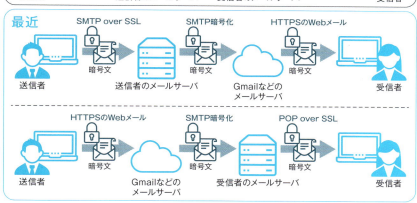

Point

- これまで電子メールの暗号化方法としてPGPやS/MIMEが使われていたが、送信者と受信者の双方が対応している必要があった
- 通信経路で暗号化する方法としてSMTP over SSLやPOP over SSLが使われ始めており、メールサーバの対応も進みつつある

5-12 .... SSH、クライアント証明書、VPN、IPsec

≫ リモートでの安全な通信を実現

ネットワーク経由でサーバと安全に通信する

　離れた場所からサーバ側の処理を実行するとき、ネットワークを経由して安全に通信するためのプロトコルとして**SSH**（Secure Shell）があります。サーバにログインしてコマンドを実行したり、他のコンピュータへファイルをコピーしたりする場合に使われます。機密性を確保する必要がある場合に、SSHを使って通信データを暗号化するのです。

　SSHではサーバの認証に加え、利用者の認証を行います。SSHで利用者を認証する方法には、パスワード認証や公開鍵認証などがあり、組み合わせて使うこともできます。この公開鍵認証で使われる証明書は**クライアント証明書**と呼ばれます。一度設定するとパスワードの認証が不要になるので、便利に使えます。ただし、権限を持っている人でも、**証明書が登録されていないコンピュータからはアクセスできません**。SSHやそれ以外の通信プロトコルとその暗号化の有無は、図5-25にまとめています。

インターネット経由で安全に社内へアクセスするには

　外出先から社内にアクセスしたい場合などは、遠隔地からインターネット経由で接続しても、安全な通信を実現する必要があります。そこで、暗号化などの技術を用いて、仮想的に専用線のような安全な通信回線を実現するのが**VPN**（Virtual Private Network）です。

　インターネット経由でVPNを実現するプロトコルとして、**SSL-VPN**と**IPsec**が有名です。SSLはWebブラウザなど多くのソフトで搭載されているため、SSL-VPNは専用ソフトのインストールが不要で手軽に始められます。ただし、SSLはWebブラウザなどの特定のアプリケーションのみで暗号化するため、汎用的ではありません。

　そこで、IPレベルで暗号化するIPsecが使われます。IPsecはインターネット層のプロトコルなので、**上位のアプリケーションは暗号化を意識する必要がなく**、汎用的に通信を暗号化できます（図5-26）。

148

図5-25 各プロトコルの暗号化の有無（SSHとTelnet、SCPとFTP）

図5-26 SSL-VPNとIPsec

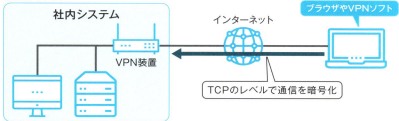

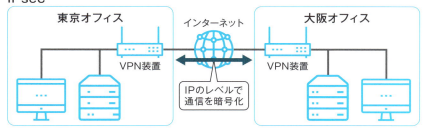

Point

- コマンドの入力やファイルの転送を暗号化する方法として、SSHがよく使われている
- 外出先から社内への通信を暗号化するためにVPNが使われており、インターネット経由の方法ではSSL-VPNやIPsecがよく使われている

5-13 コード署名、タイムスタンプ

≫ プログラムにも署名する

ソフトウェアのデジタル署名

ソフトウェアは開発環境を用意すれば誰でも開発でき、同じ名前のソフトウェアを作ることも簡単です。オンラインでソフトウェアを入手できて便利になった一方で、既存のソフトウェアを改ざんしてマルウェアを仕込んだものや、正規の開発元になりすまして偽物を配布する事例が後を絶ちません。

このようなリスクから利用者を守るため、配布元を認証し、なりすましや内容の改ざんなどが行われていないことを保証するために**コードサイニング証明書**が使われています（図 5-27）。

この証明書を使ってソフトウェアにデジタル署名をすることで、正規のものでない場合はダウンロード時やプログラム実行時に警告メッセージが表示されるようになります。なお、この場合のデジタル署名は**コード署名**とも呼ばれます。

日時を証明する「タイムスタンプ」

電子署名を付加すると、その電子文書を作成した人や、その内容を証明できます。しかし、ここで証明できるのは「**誰が**」「**何を**」したのか、ということだけです。つまり、その電子文書が「**いつ**」**作成されたものなのか**を証明することはできません。

例えば、企業が特許を申請する場合であれば、「発明した時期」は非常に重要です。なんらかの記録を残しておき、その時点ですでに発明していたことを証明する必要があります。つまり、電子文書が作成された日時を証明しなければなりません。この問題を解決する技術が**タイムスタンプ**です（図 5-28）。

タイムスタンプは大きく分けて、**存在証明**（ある時刻にその文書が存在していた）と**完全性証明**（その文書は改ざんされていない）を行うために使われます。

図 5-27　コードサイニング証明書のしくみ

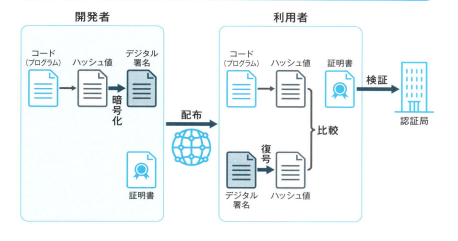

図 5-28　タイムスタンプと電子署名で証明できること

Point

- ソフトウェアの配布元を認証し、改ざんなどが行われていないことを証明するためにコード署名が利用される
- タイムスタンプを使うことで、電子文書が「いつ」作成されたのか証明できる
- タイムスタンプにより、存在証明と完全性証明が可能である

5-14 .... 中間者攻撃

≫ データ受け渡しの仲介に入る 攻撃者

送受信者の双方がだまされる「中間者攻撃」とは

　公開鍵暗号を用いることで、通信経路において内容が暗号化され、機密情報を安全に送信できます。しかし、**第三者が通信の間に入ることで、暗号化したデータを読み出せる方法**が指摘されています。その方法の1つが**中間者攻撃**（**MITM**：Man-In-The-Middle attack）です。

　例えば、AさんとBさんが通信しようとしたときに、攻撃者が間に入ります。AさんはBさんと通信しているつもりですが、実際には攻撃者と通信しています。BさんもAさんと通信しているつもりですが、実際には攻撃者と通信しています（図5-29）。

　中間者攻撃を防ぐには、**通信相手が発行している証明書の内容を確認することが有効**で、**EV SSL証明書**を使う方法などがあります（図5-30、図5-31）。

中間者攻撃が成立する手順

　なぜ、中間者攻撃が成功してしまうのでしょうか。もう少し詳しく説明しましょう。

　AさんがBさんに情報を送信するとき、AさんはBさんの公開鍵で暗号化しようとします。これを知った攻撃者は、間に割り込んで両方になりすまし、攻撃者自身の公開鍵をAさんに送ります。すると、Aさんは攻撃者の公開鍵をBさんのものと勘違いしてしまいます。Aさんがこの公開鍵でデータを暗号化して送信すると、攻撃者は自身の秘密鍵で復号します。攻撃者はデータの中身を確認した後で、Bさんの公開鍵で暗号化し、何もなかったようにBさんに送信します。

　Bさんは自身の秘密鍵で復号することで、受け取った内容を確認できますが、実際には攻撃者によって盗聴されています。盗聴だけでなく、攻撃者が内容を改ざんして、Bさんに送ることも可能です。送信した内容と受け取った内容が変わっていても、どちらも気づくことができません。

図5-29　中間者攻撃

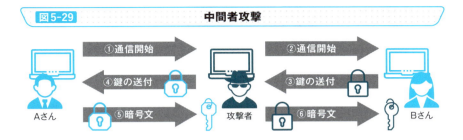

図5-30　SSL証明書の種類

種別	DV	OV	EV
審査	ドメインの所有のみ	運営者の実在性を確認	運営者の実在性確認を厳格に実施
価格	安い	← →	高い
個人による取得	○	×	×
アドレスバーに組織名の表示	×	×	○
よく使われるサイト	個人サイトなど	企業サイトなど	金融機関など

（注）暗号化の強度にはいずれも違いはなく、一般的な利用者にとって、DVとOVの見た目は変わらない。

図5-31　EV SSL証明書との表示の違い

EV SSL 証明書の場合

EV SSL 証明書以外の場合

Point

- 公開鍵暗号を使うと通信経路を暗号化できるが、中間者攻撃によって第三者がデータを読み出すことが可能になる
- 中間者攻撃を防ぐには証明書の確認が有効な手段であり、EV SSL証明書を使ってアドレスバーの見た目を変えることは有効な対策である

やってみよう

ファイルが改ざんされていないか確認しよう

　ファイルをダウンロードする場合、ダウンロードするファイルとあわせて、ファイルのハッシュ値が公開されている場合があります。ダウンロードしたファイルのハッシュ値を計算し、公開されているハッシュ値と比較することで、対象のファイルが正しい内容であることを確認できます。

　例えば、Windowsの場合は、コマンドプロンプトで「certutil」というコマンドを以下のように実行します。

組織的な対応
～環境の変化に対応する～

第6章

6-1 情報セキュリティポリシー、プライバシーポリシー

» 組織の方針を決める

情報セキュリティについての方針

　情報セキュリティに関する自組織の基本的な考え方を示したものが**情報セキュリティポリシー**です。一般的には、**基本方針**、**対策基準**、**実施手順**から構成されています（図6-1）。中小企業などでは策定されていない場合がありますが、これがないと情報セキュリティ対策が統一されず、適切な管理ができません。組織全員が対策を的確に実行するために、共通ルールとして「文書で定める」ことが必要です。

　内容は組織によって当然異なります。取り扱う情報や商品、環境に応じてリスクは違いますし、すべてを対策しようとすると費用も時間もかかります。そこで、組織に合わせた情報セキュリティポリシーを策定し、リスクの大きなものから重点的に対策を実施します。

　情報セキュリティポリシーは、一度策定して終わりではありません。時代の流れによって組織を取り巻く環境は変化するうえ、新たな攻撃手法が発見されることもあります。このようなリスクの変化に対応するため、ポリシーは見直す必要があるのです。**修正を繰り返すことで、時代に合わせたセキュリティポリシーを策定できます。**

個人情報保護についての方針

　組織における「個人情報保護についての考え方」が**プライバシーポリシー**で、Webサイトなどで公開されます（図6-2）。企業が個人情報を集める際の利用目的や管理体制などが記載されており、これに沿って本人の同意を得ることが必要です。同じ企業でも、収集する項目に応じて目的や使用範囲が異なっている場合もあります。

　企業が個人情報を取り扱う場合には、プライバシーポリシーに違反していないかを確認する作業が必要です。「利用者情報の集計」や「統計データの作成」が条項に違反している場合もあり、**自社で集めたデータだからといって、むやみな利用には注意が必要**です。

| 図6-1 | 情報セキュリティポリシーの構成 |

この部分だけを情報セキュリティポリシーということもある

基本方針 — 情報セキュリティに対する基本的な考え方

対策基準 — 統一的に対策するために実施すべきこと

実施手順 — 対策基準の内容を実行するための具体的な手順

| 図6-2 | プライバシーポリシーの構成例 |

① プライバシーポリシーが適用される範囲

② 情報を取得する事業者の氏名または名称

③ 想定され得る、取得する個人関連情報の種類

④ 取得方法が特定できる場合には取得方法

⑤ 個人関連情報の利用目的

⑥ 個人関連情報を第三者に提供または共同利用する場合は、その旨

⑦ 個人情報の開示等の求めの受付方法および手数料を定めた場合は、その旨

⑧ 個人情報の取り扱いに関する問い合わせ窓口や連絡先、連絡方法（手続き）

出典：一般社団法人 日本インタラクティブ広告協会「プライバシーポリシー作成のためのガイドライン」
（URL：http://www.jiaa.org/download/JIAA_PPguideline2014_02.pdf）

Point

🖊 全従業員が共通の認識を持てるようにセキュリティポリシーを定め、世の中の変化に合わせて変更を行う必要がある

🖊 個人情報を取り扱う場合には、組織のプライバシーポリシーを確認し、定められている範囲内で取り扱う

6-2 .... ISMS、PDCAサイクル

» セキュリティにおける改善活動

情報セキュリティの国際規格

情報漏えい事件などが多く発生している中で、情報セキュリティの必要性は高まっているといえます。ただし、各組織が勝手にセキュリティポリシーを設定して運用しても、そのレベルが統一されていないと意味がありません。

そこで、組織全体で情報セキュリティを守るために行うべき取り組みやしくみの基準を国際規格で定めたものとして、ISO／IEC 27000シリーズがあります（図6-3）。日本ではJIS Q 27000シリーズとして翻訳されたものが使われています。

これらの規格で定められている基準を満たしているかを認証するしくみとしてISMSがあります。ISMSはInformation Security Management System（情報セキュリティマネジメントシステム）の略で、運用体制を認証機関による審査で認められれば取得できます（図6-4）。

ISMSと似たような位置づけにあるものには、品質保証におけるISO 9000シリーズや、環境保護におけるISO 14000シリーズなどがあります。**これらは自社の運用体制をアピールする目的**でも利用されています。

PDCAサイクルで継続的に改善する

ISMSでは、情報セキュリティを効果的かつ継続的に行うためのルールが定められており、要求事項と呼ばれます。この要求事項に従って管理策の具体的な手順を定め、すべてを確実に実施しなければなりません。

また、単に対策を実施するだけでなく、継続的に改善を行うため、Plan、Do、Check、Actを繰り返すPDCAサイクルを実施し、常に改善を実施していきます（図6-5）。

なお、最新のJIS Q 27001：2014では「PDCA」という表現は明記されていませんが、PDCAの必要性は以前のJIS Q 27001：2006から継続していると考えられています。

図6-3　ISO/IEC 27000シリーズの内容（一部）

ISO/IEC 27000	ISMS－概要と基本用語集
ISO/IEC 27001	ISMS－要求事項
ISO/IEC 27002	情報セキュリティ管理策の実践のための規範
ISO/IEC 27003	ISMS－導入に関する手引き
ISO/IEC 27014	情報セキュリティガバナンス

図6-4　ISMSの運用体制

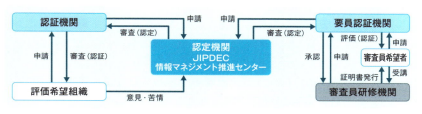

出典：日本情報経済社会推進協会「情報セキュリティマネジメントシステム適合性評価制度の概要 JIS Q 27001：2014（ISO/IEC 27001：2013）対応版」（URL：https://isms.jp/doc/ismspamph.pdf）

図6-5　PDCAサイクルによるISMSの改善

Point

- 組織として情報セキュリティの管理ができていることを示す国際規格としてISO／IEC 27000シリーズがあり、その基準を満たしていることを認証するしくみとしてISMSがある
- 情報セキュリティを継続的に改善するために、PDCAサイクルを回す必要がある

6-3 情報セキュリティ管理基準、情報セキュリティ監査基準

》 情報セキュリティ監査制度による セキュリティレベルの向上

実務の基準となる「情報セキュリティ管理基準」

情報セキュリティのレベルを向上させるためには、国際規格への準拠に加え、情報セキュリティ監査の実施が有効です。監査によって第三者の視点が入ることで、自組織のマネジメントがどのレベルを満たしているのか判断できます（図6-6）。

しかし、監査を行うためにも基準が必要です。そこで、経済産業省によって策定された基準として情報セキュリティ管理基準と情報セキュリティ監査基準があります。

情報セキュリティ管理基準は、**管理者が実務で行うような実践的な規範**です。組織における情報資産の保護として推奨される事例をまとめており、マネジメント基準と管理策基準から構成されています。

マネジメント基準は、情報セキュリティを実施するにあたり、どのような点に注意して管理すればよいのか、その実施事項について整理したもので、原則としてすべて実施しなければなりません。

管理策基準は、情報セキュリティマネジメントを確立する段階において、どのような管理策を策定すればいいのか、その選択の基準となるものです。組織の状況に合わせて、最適な基準を検討します。

監査の基準となる「情報セキュリティ監査基準」

情報セキュリティ監査基準は、**監査人が行うべき内容をまとめたもの**で、情報セキュリティ監査を行うときに用いられます。その目的は「監査業務の品質を確保すること」と、「有効かつ効率的な監査を実施すること」です。

この基準に沿って監査を行うことで、2つの効果が期待できます。すなわち、適切性を保証すること（保証型監査）と、改善に役立つ的確な助言を与えること（助言型監査）です（図6-7）。

図6-6 情報セキュリティ監査の流れ

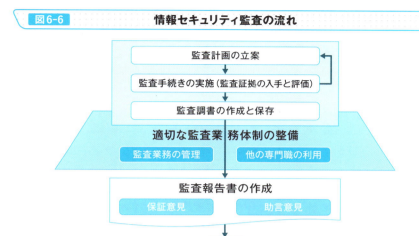

出典：経済産業省「情報セキュリティ監査基準 実施基準ガイドライン Ver 1.0」（URL：http://www.meti.go.jp/policy/netsecurity/downloadfiles/IS_Audit_Annex05.pdf）をもとに作成

図6-7 情報セキュリティ監査制度における成熟度モデル[※1]

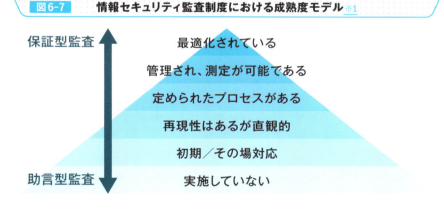

Point

- 組織の情報セキュリティの成熟度に合わせて、管理策の基準を選び、監査を実施する
- 情報セキュリティ監査基準により、監査の品質を確保し、効率的に監査を実施できる

※1 成熟度モデル：組織全体として管理プロセスが適切に定義され、運営されているかを測定するために、指標や尺度をレベル分けしたモデルのこと。

6-4　　　　　　　　　　　　　　　　　　　　　情報セキュリティ教育

≫ 最後の砦は「人」

情報セキュリティ教育の必要性とSNS時代に求められる対応

　情報セキュリティに対して、暗号化や認証、ファイアウォールの設置など技術的な対策を実施しても、それを**使う人が正しい行動を取らないと、安全を保つことはできません**。対策方法を知らなかったことで問題が発生することもありますが、単純な紛失や置き忘れ、メールの誤送信などのヒューマンエラーを減らす対策も求められています（図6-8）。

　さらに、スマートフォンの普及やSNSの登場により、新しい情報を素早く入手できるようになっただけでなく、多くの人が簡単に情報を発信できるようになりました。これは便利な一方で、情報の流出や著作権の侵害といったリスクも高まっていることを理解しておく必要があります。

　そこで、従業員などに対する**情報セキュリティ教育**が必須となっています。新しい攻撃手法が次々登場するため、入社時だけでなく、定期的な研修の実施などが求められます。

情報セキュリティ教育の実施方法

　企業で多く用いられている情報セキュリティ教育の方法として、**e-ラーニング**や**集合研修**があります（図6-9）。

　e-ラーニングはPCなどに教育コンテンツを配信する方法で、業務の時間帯にとらわれることなく、各従業員が空いているときに実施できます。オンラインでテストを実施することで、テスト結果などを容易に管理できますが、他人になりすましての受講や、テスト結果の不正入手の可能性があり、理解度を正しく把握できないといった問題点もあります。

　集合研修により対面で教育すれば、受講者に合わせたさまざまな手法が使えます。出席状況をその場で確認できるため、なりすましによる受講が困難であることも挙げられます。ただし、業務中に全員を同時に集めることは簡単ではないでしょう。また、講師の確保や費用が必要になります。

図6-8　「人」が問題となるセキュリティリスク

ソーシャルエンジニアリング
- エレベーターでの会話、背後からの盗み見
- ゴミ箱からの情報漏えい　など

紛失、盗難
- 電車の網棚への置き忘れ　など

誤操作
- メールの誤送信、ファイルの共有設定のミス　など

SNSへの投稿
- 不適切な内容の投稿　など

図6-9　セキュリティ教育の実施

教育を実施するだけでなく、その効果を確かめることが重要

Point

- 技術的な対策では防げない「人」の問題があり、情報セキュリティ教育を定期的に実施するなどの工夫が必要である
- 情報セキュリティ教育の実施方法には、e-ラーニングや集合研修などの方法があり、それぞれのメリットとデメリットを理解して実施する

6-5 .... インシデント、CSIRT、SOC

≫ インシデントへの初期対応

インシデントに対応する組織体制

これまではセキュリティを「コスト」と認識している経営者が多く、担当者の配置も兼任の場合が少なくありませんでした。本来の業務を行いながら片手間で作業を行うため、セキュリティに関する業務は後手に回ってしまっているケースも見られました。

しかし、**インシデント**（セキュリティ事案）が企業に及ぼす影響が大きくなり、企業でも監視体制を強化し、原因の解析や影響範囲の特定などを行う専門部署を設置するようになりました。

コンピュータのセキュリティに関わる組織として、**CSIRT**（Computer Security Incident Response Team）という名称がよく使われます。また、ログを監視し、インシデントを発見する組織として**SOC**（Security Operation Center）が設置される場合もあります。

CSIRTやSOCの構成と対応内容

CSIRTは専門の部署である必要はなく、部署を横断したメンバーで構成される事例もよく見られます。自社内で構成できない場合は外部委託する例もあります（図6-10、図6-11）。

CSIRTに求められるのは、事案が発生した際の**意思決定の速度**です。いざというときにスピーディな対応をするため、事前の対応として攻撃を見つけるための準備や、事案が発生した場合の対応に向けた訓練が必要です。例えば、情報漏えいの事案が発生した場合に初動対応が遅れ、情報開示などのタイミングを逸してしまうと、企業に与えるダメージは大きく変わります。

このように、**インシデント管理では、事中のみならず、事前の対策と事後の対応も必要**です（図6-12）。組織内CSIRTを構築することは、社内の情報共有だけでなく、他社との情報連携をスムーズにするためにも重要な役割を担います。

164

図6-10 さまざまな分野のエキスパートで構成するCSIRT

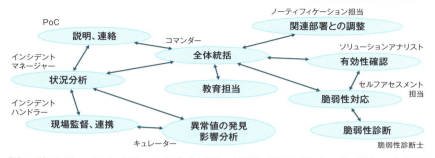

参考：日本コンピュータセキュリティインシデント対応チーム協議会 CSIRT人材サブワーキンググループ「CSIRT人材の定義と確保（Ver. 1.5）」（URL：http://www.nca.gr.jp/activity/imgs/recruit-hr20170313.pdf）

図6-11 CSIRTによる他の部門との連携

図6-12 CSIRTの対応範囲

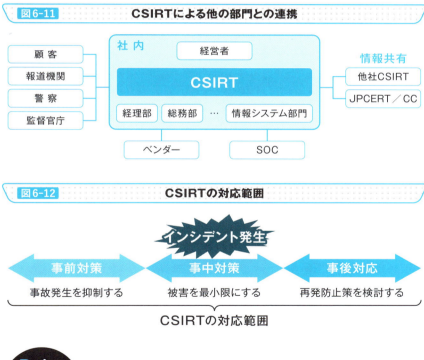

Point

- インシデントに対応するため、CSIRTを構成する企業が増えている
- CSIRTはインシデントの発生前後にも対応が必要である

6-6

PCI DSS

ショッピングサイトなどにおける クレジットカードの管理

クレジットカード管理の世界統一基準

オンラインショッピングが一般的になったことで、オンラインでのクレジットカード利用が当然になりました。一方で、クレジットカード情報が漏えいするなどの被害が世界規模で発生しています。

もともと、それぞれのカード会社が独自に求めるセキュリティのレベルが定められていましたが、1つの加盟店（ショッピングサイトなど）で複数のカードが使えることは当たり前の時代です。そんな中、カード会社ごとに基準が異なっていると、すべてに対応するのは大変です。

そこで、加盟店やサービス提供事業者がクレジットカードの情報を安全に取り扱うためには、セキュリティに関する基準が必要です。

この基準として世界的に統一されたものが PCI DSS（Payment Card Industry Data Security Standard）で、国際カードブランド5社が共同で設立した PCI SSC（Payment Card Industry Security Standards Council）によって運用・管理されています。国内でも、改正された割賦販売法が2018年6月から施行されたこともあり、注目が高まっています。

PCI DSSにおける要求基準

PCI DSS では、要求基準として6つの項目と12の要件が定められています（図6-13）。加盟店やサービス提供事業者は、この要件をすべて遵守することが求められます。PCI DSS に準拠していることを自己または第三者によって証明できれば、認証を受けることができます（図6-14）。

年間の決済取扱件数により認証レベルが分類されており、最上位の場合には認定審査会社による年1回の訪問審査が必要です。そのほか、レベル1〜3では認定スキャニングベンダーによる四半期ごとの脆弱性スキャン、年1回のペネトレーションテストなどが求められています。

図6-13　PCI DSSにおける要求基準

安全なネットワークの構築と維持
要件1：カード会員データを保護するために、ファイアウォールをインストールして構成を維持する
要件2：システムパスワードおよび他のセキュリティパラメータにベンダー提供のデフォルト値を使用しない

カード会員データの保護
要件3：保存されるカード会員データを保護する
要件4：オープンな公共ネットワーク経由でカード会員データを伝送する場合、暗号化する

脆弱性管理プログラムの維持
要件5：すべてのシステムをマルウェアから保護し、ウイルス対策ソフトウェアまたはプログラムを定期的に更新する
要件6：安全性の高いシステムとアプリケーションを開発し、保守する

強力なアクセス制御手法の導入
要件7：カード会員データへのアクセスを、業務上必要な範囲内に制限する
要件8：システムコンポーネントへのアクセスを確認・許可する
要件9：カード会員データへの物理アクセスを制限する

ネットワークの定期的な監視およびテスト
要件10：ネットワークリソースおよびカード会員データへのすべてのアクセスを追跡および監視する
要件11：セキュリティシステムおよびプロセスを定期的にテストする

情報セキュリティ・ポリシーの維持
要件12：すべての担当者の情報セキュリティに対応するポリシーを維持する

図6-14　PCI DSSにおける審査・認定の流れ

Point
- クレジットカード情報を安全に取り扱うため、ショッピングサイトなどではPCI DSSに準拠するなどの対応が求められている
- PCI DSSでは取扱件数によって認証レベルが定められている

6-7 .... BCP、BCM、BIA

≫ 災害対策もセキュリティの一部

災害やサイバーテロに備える

情報セキュリティの三要素として、「機密性」「完全性」「可用性」がありましたが（第1章の**1-5**参照）、システムトラブルだけでなく、**地震や火災などの災害によってシステムが使えなくなった場合も、可用性が確保されていない状態**だといえます。場合によってはサイバーテロなどの被害に遭う可能性もありますが、このような企業の事業を止める可能性を意識し、予期しない事態が発生した場合でも、**最低限の事業継続や短時間での復旧**を実現しなければなりません。

事前対策がないと、対応が後手に回ってしまう可能性があるため、災害などが発生する前の段階で計画を立てる必要があり、このような計画を**BCP**（Business Continuity Plan：**事業継続計画**）と呼びます（図6-15、図6-16）。

さらに、計画だけでなく、継続的に改善していく管理システムを構築する必要もあります。こちらは**BCM**（Business Continuity Management：**事業継続管理**）と呼ばれています。

事業への影響を明確にして考える「BIA」

BCPを考えるとき、想定する災害の規模によって対策は大きく変わります。そこで、業務中断時の影響やリスクを定量的・定性的な観点から評価してBCPを策定します。これを**BIA**（Business Impact Analysis：**事業影響分析**）と呼びます。

事業を継続していくうえで、どの業務にリスクがあるのか、業務が停止するとどの程度の被害があるのか、停止してしまったらどのくらいの期間で復旧する必要があるのか、などを分析します。

なお、世の中の状況はどんどん変化していくため、BCPを運用し改善していくのと同時に、BIAも継続して見直し、新たなリスクや対策を検討しなければなりません（図6-17）。

図6-15	BCPの範囲

平常時 → 災害発生 → 初期対応 → 業務再開

事前対策　　対策本部の設置　　　　復旧

BCP

図6-16	事前対策の例

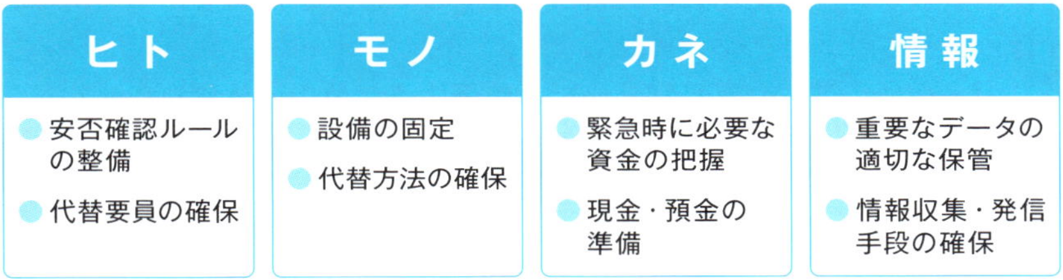

ヒト
- 安否確認ルールの整備
- 代替要員の確保

モノ
- 設備の固定
- 代替方法の確保

カネ
- 緊急時に必要な資金の把握
- 現金・預金の準備

情報
- 重要なデータの適切な保管
- 情報収集・発信手段の確保

図6-17	BCPの運営フロー

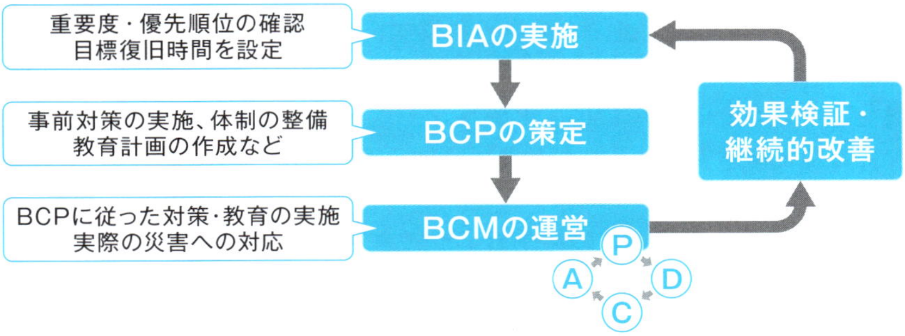

重要度・優先順位の確認
目標復旧時間を設定 → **BIAの実施**

事前対策の実施、体制の整備
教育計画の作成など → **BCPの策定**

BCPに従った対策・教育の実施
実際の災害への対応 → **BCMの運営**

効果検証・継続的改善

P A C D

Point

- ✎ 災害やサイバーテロに速やかに対応するためには、事前の準備が必要で、何のためにBCPを策定するのか考え、計画を立てる必要がある
- ✎ BCPやBCM、BIAは一度実施して終わりではなく、世の中の変化や事業の状況に合わせて見直し、改善していく必要がある

第6章　災害対策もセキュリティの一部　……　BCP、BCM、BIA

6-8　　　　　　　　　　　　　　　　　リスクアセスメント、リスクマネジメント

≫ リスクへの適切な対応とは

正しいリスク対応は適切なリスク評価から

　情報資産を守るためには、管理対象の1つ1つに対し、どのようなリスクがあるのかを考えなければなりません。各情報資産について、リスクの有無、被害が発生した場合の影響、発生する頻度、復旧に要する時間などをはっきりさせ、リスクを評価します。

　このように、リスクを特定・分析し評価するための全体プロセスを**リスクアセスメント**と呼んでいます。また、「リスクアセスメントからリスク対応まで」を含めた総称を**リスクマネジメント**といいます（図6-18）。

リスク対応の4種類

　リスクを分析し、評価した後は、そのリスクにどう対応するか考えなければなりません。一般的にリスク対応は、**リスク回避**、**リスク低減**、**リスク移転**、**リスク保有**の4つに分けられます（図6-19）。

　リスク回避は、リスクそのものをなくすことです。あるソフトウェアを使うとリスクがある場合は、そのソフトウェアを使わないということです。書類を紛失するリスクがある場合は、書類を持ち出さないでよい方法を検討します。

　リスク低減は、リスクの発生確率や被害を低下させることです。例えば、ウイルス対策ソフトの導入やソフトウェアのアップデートなどが対策になります。

　リスク移転は、リスクを他社と分割する、もしくは代替手段を取ることです。業務のアウトソーシングにより外部の業者に委託する、リスクが現実化したときには保険で対応する、といった対策が考えられます。

　リスク保有は、リスク対策をしない、もしくは受け入れることです。**影響がそれほど大きくない場合、コストを考えて対策を実施しないのも1つの選択肢**です。

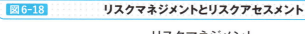

図 6-18　リスクマネジメントとリスクアセスメント

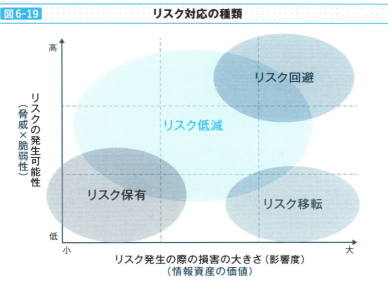

図 6-19　リスク対応の種類

出典：情報処理推進機構（IPA）のWebサイト（URL：https://www.ipa.go.jp/security/manager/protect/pdca/risk.html）をもとに作成

Point

- リスクアセスメントからリスク対応まで含めたものをリスクマネジメントと呼ぶ
- リスク対応は大きく4つに分けられ、その発生可能性と損害の大きさによって対策を検討する

6-9 .... URLフィルタリング、コンテンツフィルタリング

》不適切なコンテンツから守る

企業でも導入が広がる「URLフィルタリング」

インターネット上には公序良俗に反するサイトや、閲覧するだけでマルウェアに感染してしまうサイトがあります。こういったサイトに偶然アクセスしてしまう利用者を守らなければなりません。

未成年者などが悪質なサイトにアクセスできないようにする技術の1つとして、URLフィルタリングがあります。アクセスしようとしたURLが、有害なURLのリストに含まれていないかどうかで判断する手法が一般的です（図6-20）。

最近では企業においても、スタッフの生産性を向上させる（業務に無関係のサイトを閲覧させない）ためや、掲示板への投稿による情報漏えいから組織を守るために導入されることが増えています。

ページの内容から接続可否を判断する

URLフィルタリングで許可するURLを1つ1つ管理するのは大変です。そこで、表示しようとしているコンテンツの内容を監視して、有害情報かを判断するコンテンツフィルタリングがあります。

不適切なキーワードが含まれているページなど、その内容に問題があれば接続を拒否したり（図6-21）、職場・学校などで私的なネットを利用すると通信を遮断したりする方法が使われます。

ただし、青少年を保護する目的であればフィルタリングだと考えられますが、**プロバイダなどによって行われると「ネット検閲」に該当する**可能性があります（図6-22）。

例えば、日本国憲法の第21条には「検閲は、これをしてはならない。通信の秘密は、これを侵してはならない」とあります。また、電気通信事業法の第3条には「電気通信事業者の取扱中に係る通信は、検閲してはならない」、第4条には「電気通信事業者の取扱中に係る通信の秘密は、侵してはならない」と定められています。

図6-20　URLフィルタリングの方式

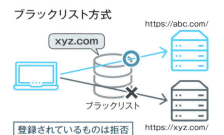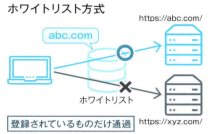

図6-21　コンテンツフィルタリング

図6-22　検閲による接続の遮断

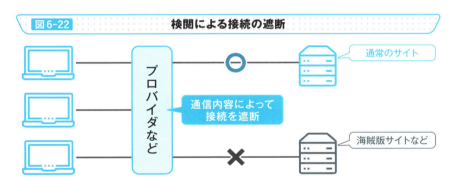

> **Point**
> - 有害なサイトから利用者を守る方法として、URLフィルタリングやコンテンツフィルタリングなどがある
> - プロバイダなどの通信事業者が勝手に検閲を行うことは、日本国憲法やその他の法律で禁じられている

6-10 ログ管理・監視

» トラブル原因を究明する 手がかりは記録

正確性が求められるログ管理

何かトラブルが発生したときに、その**原因を解明するためには記録が必要**です。「いつ」「どこで」「誰が」「何を」行ったのかわからないと、状況がつかめませんし、同じ問題が再発するかもしれません。

これは攻撃が行われている場合も同じで、攻撃者が狙っている脆弱性を特定し、根本的な解決を行わなければ、同じ手口で攻撃されて、再び被害が発生します。

被害が発生して調査するときなどは、保存していた**ログ**を分析することになります（図6-23、図6-24）。ただし、証拠として使うためには、ログの正確性が重要です。また、問題が起きていなくても、ログは定期的に確認することが求められます。

監視における注意点

すでにログの監視をしている企業は少なくありません。しかし、実際には「何か事件が起きてから」ログを見て、その原因を追究するといった使われ方がされています。リアルタイムで攻撃が行われていることを把握するには、通常時の状態を把握しておくことが必要です。これにより、通常時と異なる動きがあると異常に気づくことができます。

ただし、複数のシステムのログを組み合わせて分析できないと、攻撃が発覚するまでに時間がかかり、原因の特定も困難です。現実には、各システムで別々にログが出力されていたり、フォーマットが統一されていなかったりするなどの問題があり、ログを統合する製品が多く登場しています。

例えば、ログを時間軸で並べるだけで、攻撃の流れが簡単にわかるかもしれません。通常とは違う行動に気づくと、注目して監視することができます。この**リアルタイム性**が重要で、発生している攻撃をリアルタイムに検出できれば、その時点で攻撃に対処できます。

図6-23 さまざまなところで記録されているログ

- ネットワークでのアクセスや攻撃
- 宅配便の配達
- 入退室
- 手書きの記録
- USBの接続
- 問い合わせの対応
- マウスの操作
- 検針

図6-24 ログの効果

不正抑止
ログを見られていることを意識すると、不正行為を躊躇するため、内部犯行を抑止できる

予兆検知
通常時のログを確認していると、異常時の予兆に気づく

事後調査
ログの分析により、正確で素早い対処・復旧が可能になる

Point

- ログは取得しているだけでは意味がなく、正しく保存されているか確認することに加え、定期的に確認して予兆に気づくことが求められている
- ログを見ていることは、不正を行おうとする人にとっては抑止効果がある

6-11 ..... フォレンジック

証拠を保全する

証拠になる記録を残す重要性

ログを使うと攻撃の痕跡などを残すことができますが、その**ログの信頼性**が問われる場合があります。もしログの信頼性が保たれなければ、裁判などの際に証拠として使うことができません。

例えば、社内のコンピュータに不正アクセスされた場合、そのログを調査します。ログが見つかっても、そのログは社内の人が勝手に書き換えた可能性があると信頼できません。

そこで、コンピュータに関する犯罪や法的紛争が生じた際には、機器に残るログだけでなく、保存されているデータなどを収集・分析し、原因究明を行います。これをフォレンジックといいます（図6-25、図6-26）。コンピュータやデジタルデータを扱うので、コンピュータ・フォレンジックやデジタル・フォレンジックと呼ばれることもあります。

分析した結果から、法的な証拠が認められることもあり、犯罪の捜査で使われています。コンピュータ・フォレンジックに役立つ専用ツールも登場しており、証拠能力を保持した分析レポートを作成できます。

フォレンジックにおける注意点

コンピュータは起動するだけで、一部のデータが書き換えられてしまいます。このため、フォレンジックを行うときには、該当のコンピュータでの操作は一切禁じられています（データの解析には、特殊な装置を使って記憶装置のコピーを行い、取得したコピーを使います）。

また、時間が経つと、ログを消される可能性が高まるだけでなく、他の証拠の収集も困難になります（図6-27）。攻撃に気づいたり、不審な動作に気づいたりした場合には、できるだけ早い対応が必要です。

企業では退職者のコンピュータを初期状態に戻して他の人が使う場合がありますが、データが消えてしまうと調査できないため、重要な人物の場合は証拠保全を検討します。

図6-25 フォレンジックの対象

データの復旧
調査・解析
ログの調査
ログの調査
ログの調査

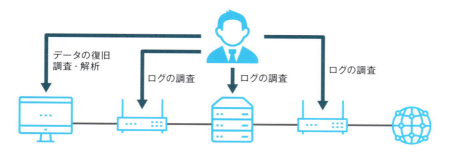

図6-26 フォレンジックの流れ

データの収集
通常時のデータの把握
インシデントの検知
証拠の保全
調査対象のディスクを確保
通信機器のログ確保
証拠の解析
ファイルの改ざん
不審な処理の調査
通信量などの把握

図6-27 データを書き換えられてしまう危険性

操作、再起動
気づかないうちに
ファイルを書き換え
ログ
2018/09/20 12:34:56 ……
2018/09/20 12:35:01 ……
2018/09/20 12:35:12 ……
2018/09/20 12:35:47 ……
…
…
改ざん、証拠隠滅

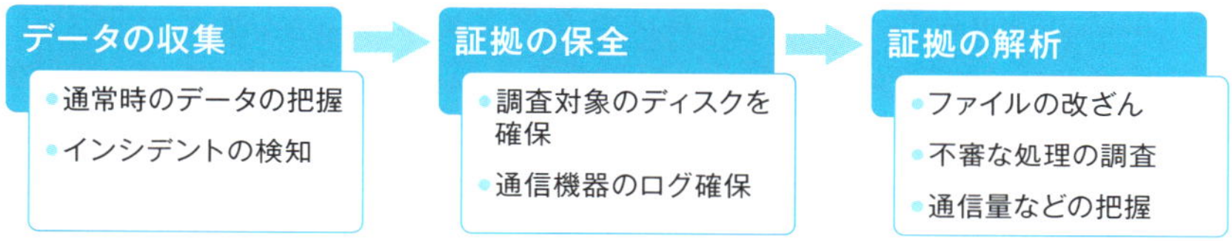

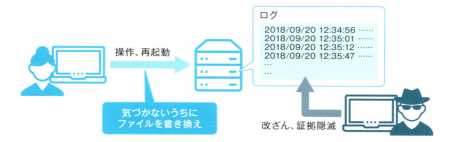

Point

- ✎コンピュータに保存されているデータやログが法的な証拠として認められるためには、フォレンジックが必要である
- ✎コンピュータは起動するだけでデータが書き換えられるため、できるだけ早い段階で証拠を保全することが求められる

6-12 .... MDM、BYOD

≫ モバイル機器の管理

モバイル機器を一括で管理する「MDM」

スマートフォンやタブレット端末は、コンピュータと同様の機能を備えています。高速なネットワークの普及もあり、外出先でも顧客情報や商品情報などにアクセスできる環境が整ってきました。

便利になる一方で、**紛失や盗難などのリスクがこれまで以上に増している**といえます。モバイル機器のセキュリティを考えるとき、**MDM**（Mobile Device Management）という言葉がよく使われます。MDMツールでは、端末情報のバックアップや復旧、紛失時の遠隔ロックや初期化、アプリケーションの配布や更新、位置情報の取得や移動履歴の表示などを一元管理できる機能を備えています（図6-28）。

従業員の端末を使用する「BYOD」

企業が用意した端末以外に、従業員が個人的に保有しているスマートフォンやタブレット端末などのモバイル機器を業務に使うことを**BYOD**（Bring Your Own Device）と呼びます（図6-29）。

これまでは業務における使用だけでなく、社内への持ち込み自体を禁止していた企業も少なくありませんでした。しかし、電話やメール、スケジュール管理など、個人のモバイル機器を使う方が効率的だと考えられるようになりました。

企業にとっては端末の購入費用が抑えられ、個人にとっても複数の端末を持ち歩く必要がなく、使い慣れた端末を使用できるというメリットがあります。一方で、個人が持ち込んだ端末に機密情報が保存されると、情報漏えいの危険性が高まります。

そこで、盗難や紛失、機密情報の人為的な持ち出し、ソフトウェアの更新漏れやウイルス感染などのリスクを正しく理解したうえで管理することが求められています。

図6-28　MDMのイメージ

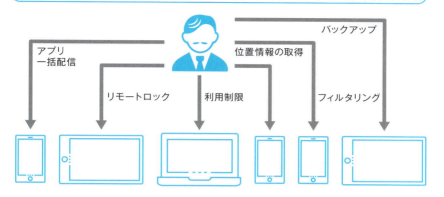

図6-29　BYOD

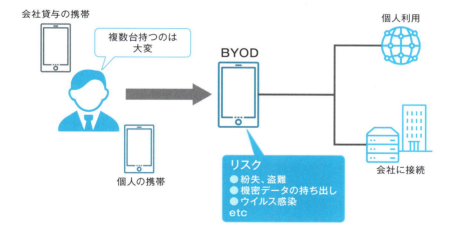

Point

- 従業員に配布したモバイル端末を一元管理するため、MDMツールが使われている
- BYODは、従業員が複数台の端末を持つ必要がなく、企業が端末を購入するコストも不要だというメリットがあるが、セキュリティ面でのリスクも少なくない

6-13

シャドーIT

情報システム部門が把握できないIT

勝手なクラウド利用は危険

組織がある程度の規模になると、ITに関する業務は「情報システム部門」などの部署が担当します。社内で使うシステムの設計や構築だけでなく、ネットワークの管理や運用も行います。

しかし、最近では便利なクラウドサービスが次々登場し、情報システム部門が関わらなくても利用できるようになりました。例えば、ファイル共有サービスやオンラインのメールサービス、タスク管理やスケジュール管理ツールなども簡単に利用できます。

これは便利である一方、セキュリティを考えると望ましいことではありません。機密情報や個人情報がクラウド上に保存されて共有されると、情報漏えいにつながる恐れがあります。

このように、組織が管理しているシステム以外のサービスを従業員が勝手に利用することを**シャドーIT**と呼びます（図6-30）。これを防ぐためには、**ルールを定めるだけでなく、快適に業務ができる環境を社内に用意すること**も必要でしょう。

管轄部門の違いにも注意

クラウドサービス以外にも、情報システム部門が知らないIT機器が利用されている場合があります。

例えば、資料の印刷に使われる複合機は多くの部署に設置されています。こういった機器は総務部門が管理する場合が多く、情報システム部門の知らないところで購入されることがあります。すると、初期パスワードから変更されていない、修正プログラムが適用されていない、ネットワークの設定が適切でないなどの問題が発生します。

第3章の**3-10**で解説したように、最近はルータやネットワークカメラ、IoT機器を含めて、このような**管理が不適切な機器を狙った攻撃**が増えており、セキュリティ上のリスクとして挙げられています（図6-31）。

図6-30 シャドーITの危険性

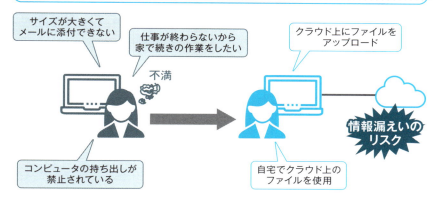

図6-31 インターネットに接続される機器の増加と管理体制

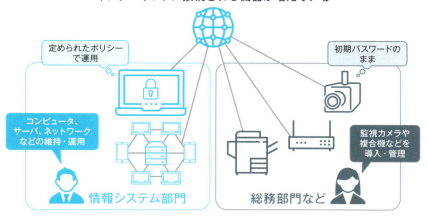

Point

- 従業員が勝手にクラウド上のサービスを利用することはシャドーITと呼ばれ、便利な一方で情報漏えいのリスクがある
- 適切な管理者によって運用されていない機器は、不適切な設定になっていることがあるため注意が必要である

6-14 .... シンクライアント、DLP

» 企業が情報漏えいを防ぐための考え方

端末に情報を残さない

　紛失や盗難から情報漏えいを防ぐために、通信やデータを暗号化するだけでなく、外部デバイスの利用禁止などの対策を取る企業が増えています。一方で、そもそもデータを端末に残さないために、シンクライアントと呼ばれる端末を使用する場合があります。

　この方法では、利用者が使う端末は最低限の機能だけを備えており、用意されたサーバに接続して使用します。画面の表示内容だけを転送して、キーボードやマウスの入力だけを送信するしくみです。

　このしくみを実現する方法はいくつもあり、サーバ側で利用者ごとに専用のハードウェアを割り当てる方法や、サーバ側のアプリケーションを共有する方法、仮想PCを使う方法などが多く用いられています（図6-32）。

データを守る考え方を変えた「DLP」

　シンクライアントは端末の紛失や盗難などには有効な手段ですが、導入にあたってはサーバの構築やネットワークの安定稼働、利用者の意識向上など、**組織全体のITスキル**が求められます。

　また、守るべき情報にアクセス権限を付与する方法では、正規の利用者による故意の情報持ち出しを防ぐことはできません。

　そこで、根本的に考え方を変えて、守るべき重要な情報を決め、それを守るために監視する技術がDLP（Data Loss Prevention）です。

　DLPでは、事前にファイルやデータベース、ネットワーク上のデータなどを調査し、守るべき情報を決めておきます。その後、誰かがその情報を外部に送信しようとした、USBメモリにコピーしようとした、といった行動を監視します。設定しておいたポリシーに違反する行動があれば、その行動を止めることで情報漏えいを防ぎます（図6-33）。

182

図6-32　　　　　　　シンクライアントの方式

ネットワークブート方式

ブレードPC方式
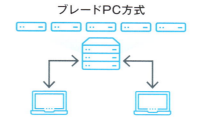

サーバベース方式
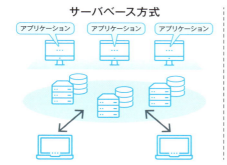

VDI方式

図6-33　　　　　　　DLPの例

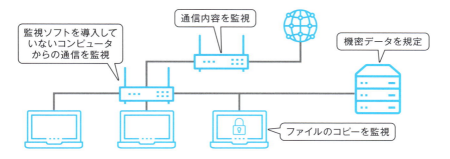

Point

- コンピュータにデータを残さないために、シンクライアントを導入する企業が増えている
- 守るべき情報に注目した方法として、DLPがある

施錠管理、入退室管理、クリアデスク、クリアスクリーン

物理的なセキュリティ

施錠や入退室をチェックして「人」を管理

　情報漏えいの原因として、インターネットからの不正アクセスやサイバー攻撃はもちろん考えられますが、実際には盗難や紛失、持ち出しなども多くの割合を占めています。

　会社への物理的な侵入による盗難だけでなく、他部署による情報の持ち出しなどを防ぐためには、**施錠管理**が重要です。つまり、出入口を常に施錠し、さらにキャビネットや引き出しなども施錠します。

　昨今では社員証がIDカードになっており、許可された人だけが入室できるような扉も多く設置されています。電気錠などを使用すると、誰がいつ出入りしたのか記録を残すことができ、**入退室管理**としても使えます（図6-34）。このように「**人」の管理の重要性**が高まっています。

　重要度の高い情報が管理されている場所には、監視カメラを設置するといった対応も有効でしょう。

デスクとスクリーンの情報漏えい対策

　オフィスで仕事をしていて、打ち合わせなどで離席する場合、机の上に書類を置いておくと、他の人に盗まれたり、中身を見られてしまったりするリスクがあります。

　そこで、不特定多数の人がいる場所では書類を放置せず、鍵のかかるキャビネットに保管します。このような方針を**クリアデスク**といいます。

　これはパソコンの画面でも同様で、画面に表示されている内容は誰でも見ることができてしまいます。場合によっては、勝手に操作してあなたのIDでなんらかの操作を行うかもしれません。

　画面を見られないようにするのは**クリアスクリーン**と呼ばれ、ログインした状態にせずに、ロックをかけてから離席するような方針を指します（図6-35）。

図6-34　入退室管理

図6-35　クリアデスクとクリアスクリーン

Point

- 重要な情報を守るためには、情報システムを守るだけでなく、オフィスへの侵入や盗難などを防ぐ物理的なセキュリティも重要である
- オフィス内での覗き見や、紛失、盗難、なりすましを防ぐために、クリアデスクおよびクリアスクリーンなどの対策を実施する

6-16
UPS、二重化

» 可用性を確保する

停電時に一時的に電力を供給する

コンピュータの使用中に停電が発生すると、電源が突然切れてしまいます。終了処理が正しく行われないと、次回の起動時にエラーが発生することがあります。特に落雷などによる停電の場合は、ハードウェアに想定以上の負荷がかかり、故障する可能性が高まります。

そこで、停電対策としてよく使われるのが**UPS（無停電電源装置）**です。UPSを使うと、停電によって電源の供給がストップしても、バッテリーから電源を供給できます（図6-36）。その間に正しい手順で終了処理を行うことで、問題が発生する可能性を減らせます。

ただし、一般的なUPSの場合、電源の供給時間は長くても15分程度です。電源が供給されている間に、正しい手順で終了しなければなりません。そこで、UPSに接続されている機器を自動的に終了してくれる装置があわせて提供されていることもあります。

トラブルに向けたバックアップの用意

停電時だけでなく、**なんらかのトラブルに向けて代替手段を用意しておく**ことは、ビジネスにおいて重要です。ネットワークがつながらないとき、サーバが故障したとき、ディスクが故障したとき、アプリケーションに不具合が発生したときなど、代替手段がないと業務が停止してしまいます。

バックアップとなる手段を用意しておくことは**二重化**と呼ばれます。そのシステムの重要度や、復旧までの時間とコストのバランスを考慮した、さまざまな二重化手段があります。

重要度の高いシステムの場合は、常にバックアップシステムを動かしておく**ホットスタンバイ**が使われますが、重要度の低いシステムであれば、トラブルが発生してから対応する**コールドスタンバイ**で十分かもしれません。また、その中間の**ウォームスタンバイ**もあります（図6-37）。

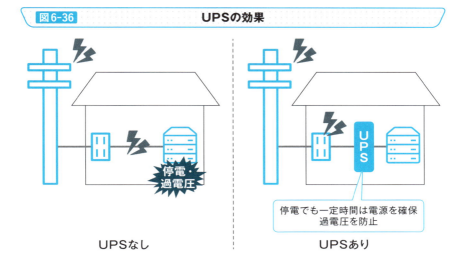

図6-36 UPSの効果

UPSなし / UPSあり

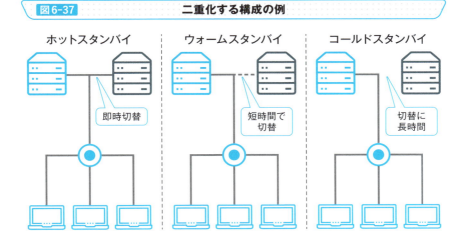

図6-37 二重化する構成の例

ホットスタンバイ（即時切替） / ウォームスタンバイ（短時間で切替） / コールドスタンバイ（切替に長時間）

> **Point**
> - コンピュータは停電すると使えないため、電力の供給を確保することが可用性の確保として求められる
> - サーバやデータベース、ネットワークなど、重要なシステムについては二重化して業務への影響を最小限にする工夫が必要である

6-17 .... SLA

契約内容を確認する

事業者と利用者の合意事項「SLA」

クラウド上のサービスは、どこからでもアクセスできて便利な一方で、サービスが停止してしまうと必要な情報にアクセスできなくなってしまいます。

例えば、メールやファイル共有サービスなどの場合、アクセスできないと仕事にならないかもしれません。個人で使用する場合では問題なくても、業務として使用する場合は事前に**品質レベルについての合意**が必要です。

このためには、事業者は合意事項をサービス開始前に提示することが求められ、この合意事項を **SLA**（Service Level Agreement）と呼びます。複数のサービスを組み合わせて利用する場合には、それぞれの事業者の責任を明確にする必要があります。

SLAでは、セキュリティ管理策やサービスの定義、サービスレベルなどを定めます（図6-38）。合意事項が満たされているかを利用者が定期的に確認できるように、報告書を提出する場合もあります。

このため、SLAには稼働率（図6-39）のほか、遅延時間や復旧までの時間、バックアップの有無なども記載されており、基準を満たさない場合のペナルティも規定することが一般的です。

注意が必要なSLAの改定

当然ながら、SLAは状況に応じて改定することがあります（図6-40）。サービス内容を改定する場合や、新たなサービスを提供する場合はもちろんのこと、定期的に監査を受けていることや、一定期間内のサービスレベルが文書で提示されていると利用者は安心できます。

サービス内容を改定する場合には、適用前に一定の期間を用意し、移行作業や旧版との併用が可能かなど、**利用者が受け入れる準備ができるようになっているか**という点も確認します。

図6-38	SLAの概要

サービス提供者 　　　　　　　　　　　　　　　　　サービス利用者

共通認識

提供時間　　　　　　　　　　　　業務時間
処理性能　　　　　　　SLA　　　品質

応答時間　　　　　　　　　　　　操作性
可用性　　　　　　　　　　　　　安全性

図6-39	SLAに記載する稼働率の例（稼働率の違いによる停止時間）

稼働率	年間の停止時間	月間の停止時間	1日の停止時間
99%	3.7 日	7.3 時間	14.4 分
99.9%	8.8 時間	43.8 分	1.4 分
99.99%	52.6 分	4.4 分	8.6 秒
99.999%	5.3 分	26.3 秒	0.9 秒

図6-40	SLAの改定フロー

実績の評価

実 績

SLAの妥当性

SLA

SLAの評価

SLAの見直し

サービス内容の評価

サービス内容

要望の変化
事業環境の変化

Point

- 業務としてクラウドサービスなどを使用する場合は、SLAによる契約内容を確認し、合意する必要がある
- 必要に応じてSLAは改定されるが、改定による不備や問題、影響が発生しないか確認する

やってみよう

自社のセキュリティポリシーや、使用しているサービスのプライバシーポリシーを見てみよう

　多くの企業がセキュリティポリシーやプライバシーポリシーを公開しています。これらを読み比べてみると、取り扱っている情報に対する各企業の考え方の違いがよくわかります。

　サービスを利用する際や、会員登録する際には、利用規約だけでなく、このような会社の方針をよく読んで利用するようにしましょう。

例）翔泳社のプライバシーポリシー

セキュリティ関連の法律・ルールなど
~知らなかったでは済まされない~

第 **7** 章

7-1 個人情報保護法

» 個人情報の取り扱いルール

個人情報とプライバシー

　個人情報の保護が叫ばれるようになって久しいですが、個人情報にもいろいろなものがあります。近年は特にプライバシー、つまり「他人に知られたくない個人情報」が知られてしまうことに対する不安は大きいものです。

　一方で、企業は消費者が求めている商品を作りたいと考えています。どのような世代の人が購入しているのか、どのような趣味を持っている人の関心を得られているのかなど、消費者の情報がわかると顧客に合った商品を提供できます。

　企業にとって個人情報は重要な「財産」である一方で、個人にとっては勝手に使われると困るものです。そこで、個人情報を保護し、適切に取り扱うために**個人情報保護法**が定められました。個人情報保護法は2003年5月に公布、2005年4月に施行された法律で、「個人情報」という言葉などが定義されています。

個人情報保護法の改正と注意点

　個人情報保護法が施行されても、個人情報の範囲が不明確であることから、その扱いについて事業者を中心に不満が高まっていました。そこで、2015年9月の改正では、個人情報の明確化とあわせて、利活用などを含めた内容に改正されました（図7-1、図7-2）。

　具体的には、個人情報の定義に「**個人識別符号が含まれるもの**」という記述や、**要配慮個人情報**という言葉が追加されました。これは、「人種」「信条」「病歴」などを特に配慮して取り扱うように定めたものです。

　なお、個人情報を取り扱う場合には、利用目的をできるだけ特定し、**利用目的の達成に必要な範囲を超えて個人情報を取り扱うことは禁止**されています。

図7-1　個人情報の定義

個人情報

基本4情報
- 氏名
- 生年月日
- 住所
- 性別

個人識別符号
- DNA
- 指紋、声紋
- パスポート番号
- 免許証番号
- 住民票コード
- …

要配慮個人情報
- 人種
- 信条
- 社会的身分
- 病歴
- 犯罪歴
- …

図7-2　個人情報、個人データ、保有個人データの違い

個人情報
生存する特定の個人を識別できる情報
他の情報と容易に照合でき、その結果、特定の個人が識別できる情報も含まれる

個人データ
特定の個人を検索できるように体型的に構成したもの
（個人情報データベースなど）に含まれる個人情報

保有個人データ
開示、訂正、消去等の権限を有し、かつ6ヵ月を超えて保有されるもの

①個人情報 例えば、ソフトに入力して、データベースにした場合

②個人データ 開示等の権限を有し、かつ、6ヵ月を超えて保有する場合

③保有個人データ

出典：経済産業省「事業者の皆さん!! その取り扱いで大丈夫？ "個人情報"」
（URL：http://www.meti.go.jp/policy/it_policy/privacy/100401_pamphlet_meti.pdf）をもとに作成

Point
- 個人情報保護法の改正により、個人情報の定義が明確化された
- 個人情報は、利用目的の範囲内で取り扱うことを徹底する必要がある

7-2 ························· オプトイン、オプトアウト、第三者提供、匿名化

》 個人情報の利活用

個人情報を第三者に提供する場合

　個人情報保護法では、本人の同意がない場合に、個人データを第三者に提供することを原則として禁じています。しかし、一定の手続を取った場合には、本人の同意を得ることなく第三者に提供でき、これを**オプトアウト**と呼びます。逆に、本人の同意を事前に得ることを**オプトイン**といいます（図7-3）。

　オプトアウトによって第三者に提供するには、**本人が第三者提供を停止できる環境**を用意しなければなりません。つまり、第三者に個人データが提供されたあとで、本人からの申し出によって停止できます。

　オプトアウトによる第三者提供が広がると、個人情報保護法の原則である「第三者提供の禁止」や「個人データを適切に取り扱う」といった内容に反してしまいます。そこで、オプトアウトによる第三者提供については、厳格な要件が定められています。また、要配慮個人情報はオプトアウトでは提供できません。

個人を特定できないようにして情報を活用する

　企業が消費者の求めている商品を作るときに必要なのは、**正確な個人情報というより、統計データや匿名のデータで十分**なことがほとんどです。そこで、改正された個人情報保護法では、特定の個人を識別できないように個人情報を加工し、復元できないようにした匿名加工情報（図7-4）が定義されています。

　「個人情報に含まれる記述の一部を削除する」「個人識別符号をすべて削除する」などの加工により個人を識別できなくする、*k*-匿名化などの手法があります。

　このように個人情報を匿名加工情報に変換することで、利活用しやすくなることが見込まれています。

図7-3　オプトアウト、オプトインによる第三者提供

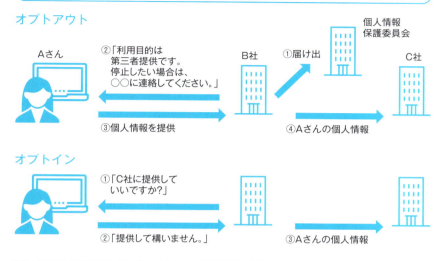

出典：個人情報保護委員会「オプトアウトによる第三者提供の届出」
（URL：https://www.ppc.go.jp/personal/legal/optout/）をもとに作成

図7-4　匿名化の例

氏名	年齢	住所	購入回数
橋本　太郎	58	東京都新宿区○○町1－2	5回
森　次郎	62	埼玉県川口市□□町6－4	3回
小泉　三郎	59	東京都渋谷区××町2－8	4回
福田　四郎	71	東京都新宿区△△町5－3	6回
野田　五郎	54	埼玉県川越市□×町4－1	2回
安倍　花子	52	埼玉県川口市○△町3－9	4回
…	…	…	…

年齢	住所	購入回数
50代	東京都	5回
60代	埼玉県	3回
50代	東京都	4回
70代	東京都	6回
50代	埼玉県	2回
50代	埼玉県	4回
…	…	…

Point

- オプトアウトによる第三者提供を行うには、個人情報保護委員会への届け出が必要で、個人情報収集時に厳格な要件が定められている
- 個人情報から特定の個人を識別できないように加工した「匿名加工情報」を使うことで、利活用の幅が広がる可能性がある

7-3 .... マイナンバー法

》マイナンバーと法人番号の取り扱い

マイナンバーは「特定個人情報」

マイナンバーは2016年より導入された制度で、日本国内に住民票を持つすべての人に対して12桁の番号が付与されました。導入する目的として、「公平・公正な社会の実現」「行政の効率化」「国民の利便性の向上」が掲げられています。

これまでは住民票コードや基礎年金番号、健康保険被保険者番号など、複数の行政機関で異なる番号を使って個人の情報を管理していたため、機関をまたいだやりとりにおいて個人を特定するには、時間と労力がかかっていました。

マイナンバーを使うと、社会保障、税、災害対策の分野で複数の行政機関に存在する情報を効率的に管理でき、同一人物の情報を活用できることが期待されています（図7-5）。

一方で、企業では従業員やその扶養家族のマイナンバーを取得し、源泉徴収票などに記載して、行政機関に提出する必要があります。このときには注意が必要です。

マイナンバーを含む個人情報は特定個人情報と呼ばれ、企業の大小にかかわらず、すべての事業者で適切な管理が求められており（図7-6）、不適切な管理に対する罰則が強化されています。また、法令で定められた目的以外にマイナンバーを利用することはできません（マイナンバーカードに搭載されたICチップは、さまざまな用途に使用可能です。図7-7）。

法人のマイナンバー「法人番号」

日本国内に住民票を持つすべての個人に対してマイナンバーが付与されただけでなく、法人にも法人番号が付与されています。

法人番号は、国税庁の法人番号公表サイトで公表されており、法人の名称や所在地の確認が容易にできます。また、マイナンバーとは異なり、利用範囲に制約がなく、自由に利用可能です。

図7-5　マイナンバーにより情報の効率的な管理が可能

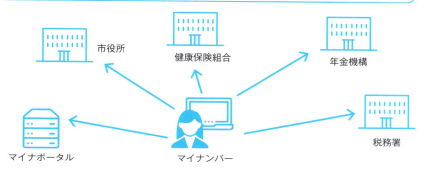

図7-6　マイナンバーを取り扱う事業者の安全管理措置

組織的安全管理措置
・責任者の設置
・担当者の明確化
・報告連絡体制の整備
・…

人的安全管理措置
・担当者の監督
・担当者の教育
・…

物理的安全管理措置
・取扱区域の管理
・盗難の防止
・運搬時の対策
・…

技術的安全管理措置
・アクセス制御
・認証と認可
・不正アクセスの防止
・…

図7-7　マイナンバーカードの特徴

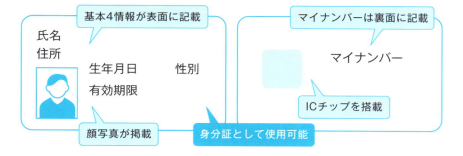

Point

- マイナンバーを使うことで、複数の行政機関で同じ番号でやりとりが可能になるため、効率的な管理が期待できる
- マイナンバーを含む個人情報は「特定個人情報」と呼ばれ、適切な管理が求められる

7-4 ......プライバシーマーク

≫ 個人情報の管理体制への認定制度

個人情報を適切に管理していることの認証

　企業が個人情報の管理をどのように行っているかは、利用者には見えにくいものです。そこで、個人情報を適切に保護する体制を整備している事業者を認定する制度として**プライバシーマーク**制度があり、マークを付与される事業者は年々増加しています（図7-8）。付与事業者は名刺やパンフレット、Webサイトにマークを掲示でき、利用者に安心感を与えることができます。また、消費者にとっても、プライバシーマークを目にすることで、個人情報の保護についての意識向上につながります。

　プライバシーマークは、個人情報保護法はもちろん、**JIS Q 15001**などの規格に沿って、第三者が客観的に評価して付与します（図7-9）。法律に準拠するだけでなく、より高い保護レベルで個人情報の保護に努めなければなりません。また、取得した後も適切に運営されていることを証明するため、プライバシーマークの有効期間は2年間となっています。

　なお、プライバシーマークで保証されるのは、個人情報が漏えいしないことではありません。事業者が個人情報の保護体制を整備し、対策を徹底することで、**安全に管理する努力をしていることを示す**ためのマークだといえます。

　この保護体制において問題が発生した場合には、その再発防止策を実施し、見直しと改善を行います。この運用と改善を繰り返すことで、保護レベルを上げる努力をすることになっています。

プライバシーマークにおける「基準」の改正

　プライバシーマークで使われるJIS Q 15001は2017年12月に改正され、2018年8月から審査に使われています。個人情報保護法の改正内容に適合しており、例えば個人情報の定義も、個人情報、個人データ、保有個人データに分けられ、要配慮個人情報や匿名加工情報も盛り込まれています。

図 7-8　プライバシーマーク付与事業者数の推移

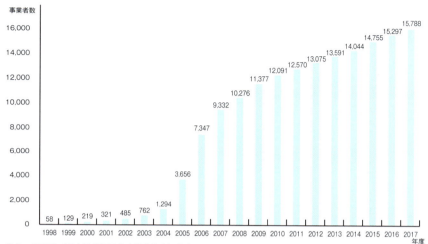

出典：JIPDEC（日本情報経済社会推進協会）「プライバシーマーク制度　付与事業者情報」
（URL：https://www.privacymark.jp/certification_info/data.html）

図 7-9　プライバシーマーク制度のしくみ

プライバシーマーク付与機関（JIPDEC）
　指定 ↓
プライバシーマーク審査機関
　審査・調査 ↓

プライバシーマーク研修機関
　審査員　　　研修実施

プライバシーマーク付与事業者
↑ JIS Q 15001　↑ 個人情報保護法　↑ ガイドライン　↑ 条例、政令

Point
- プライバシーマークは、個人情報を適切に保護する体制を整備している事業者に付与され、2年ごとに更新する必要がある
- プライバシーマーク付与事業者は年々増えている

7-5 GDPR

厳格化された
EUの個人情報管理

EUにおける個人情報保護

GDPR（General Data Protection Regulation）は、**一般データ保護規則**という意味で、**EUにおける個人情報保護法**に該当するものです。EUの企業だけが影響を受けるものではなく、違反すると大きな制裁金も課せられるため、2018年5月の改正時に大きな話題になりました（**図7-10**）。

名前は「一般データ」となっていますが、その内容は「個人データ」に関するものです。EUにおけるすべての個人が、それぞれの個人データをコントロールできるようにし、その保護を強化することを目的としています（**図7-11**）。つまり、自分のデータの処理方法や使用方法に関する権限を、個人がコントロールできることを目指しています。

この「個人データ」には、本人に関するあらゆる情報が含まれます。氏名、住所、メールアドレス、クレジットカード番号に加え、身体的・生理学的・遺伝子的・精神的・経済的・文化的・社会的固有性に関する要因なども含まれています。

データの「処理」と「移転」

GDPRは個人データの「**処理**」と「**移転**」について満たすべき法的要件を規定しています。「処理」とは、個人データに対して行われる作業だと考えるとわかりやすいでしょう。個人データの取得、記録、編集、保存、変更のほか、個人データの一覧（リスト）の作成や並べ替えなども「処理」に含まれます（**図7-12**）。

一方、「移転」とはEEA[※1]域外に送付することです。例えば、個人データを含んだ文書を電子メールでEEA域外に送信すること、EEA域内に設置されたサーバにEEA域外からアクセスすることなどが挙げられます。GDPRでは、EEA域内で取得した個人データをEEA域外に「移転」することを原則として禁止しています。

※1　EEA：European Economic Areaの略。欧州経済領域。

200

図7-10　GDPRに違反した場合の制裁金

軽度な場合	最大で企業の全世界売上高（年間）の2%、または1,000万ユーロ（約13億円）のうちいずれか高い方（※執筆時点の為替レートで算出）
明確な権利侵害の場合	最大で企業の全世界売上高（年間）の4%、または2,000万ユーロ（約26億円）のうちいずれか高い方（※執筆時点の為替レートで算出）

図7-11　GDPRにおけるデータ主体（当該個人）の8つの権利

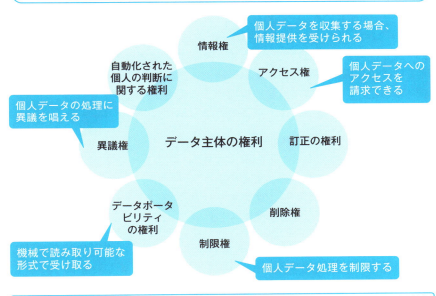

図7-12　GDPRにおける個人データの処理における原則

適法性、公平性および透明性の原則	目的の限定の原則
個人データの最小化の原則	正確性の原則
保管の制限の原則	完全性および機密性の原則

> **Point**
> - GDPRはEUにおける個人情報保護の法律だが、EU以外の国においても適切に個人データを取り扱わないと巨額の制裁金がある
> - 管理者は個人データの処理における原則を遵守する必要がある

7-6 不正アクセス禁止法

≫ 不正アクセスを処罰する法律

不正アクセス禁止法の概要

不正アクセス禁止法（不正アクセス行為の禁止等に関する法律）は1999年8月に成立、2000年2月に施行された法律で、不正アクセス行為を禁止し、処罰を定めただけでなく、**不正アクセスを受ける立場にある管理者に防御措置を求めています。**一時と比べて同法の違反による検挙数は減りましたが、ここ数年は増加傾向です（図7-13、図7-14）。

不正アクセス禁止法では、以下の行為を禁止しています。

- 不正アクセス行為（第2章の**2-4**を参照）
- 他人の識別符号を不正に取得する行為
- 不正アクセス行為を助長する行為
- 他人の識別符号を不正に保管する行為
- 識別符号の入力を不正に要求する行為

2012年3月には大きな改正が成立し、フィッシング詐欺などで不正にIDやパスワードを取得することも規制の対象になりました。偽サイトを開設するだけでも規制の対象になります。

国家機関による不正アクセス関連情報の公開

不正アクセス禁止法では、以下のように国家機関による情報公開についても定められています。

> 第10条　国家公安委員会、総務大臣及び経済産業大臣は、アクセス制御機能を有する特定電子計算機の不正アクセス行為からの防御に資するため、毎年少なくとも一回、不正アクセス行為の発生状況及びアクセス制御機能に関する技術の研究開発の状況を公表するものとする。

このため、警視庁サイバー犯罪対策プロジェクトのWebサイトには、不正アクセスに関する情報や、サイバー空間をめぐる脅威について、さまざまな資料が公開されています。

図7-13 サイバー犯罪の検挙件数の推移

■ 不正アクセス禁止法違反　■ コンピュータ・電磁的記録対象犯罪　■ ネットワーク利用犯罪
出典：警察庁「平成29年版 警察白書」をもとに作成（URL：https://www.npa.go.jp/hakusyo/h29/）

図7-14 平成29年における不正アクセス後の行為別認知件数

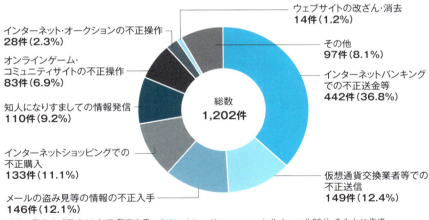

出典：警察庁「平成29年版 警察白書」（URL：https://www.npa.go.jp/hakusyo/h29/）をもとに作成

Point

- 不正アクセス禁止法では、不正アクセス行為を禁止するだけでなく、受ける立場の管理者に防御措置を求めている
- フィッシング詐欺サイトなどを開設するだけでも規制の対象となる

ウイルスの作成・所持に対する処罰

ウイルス作成罪の概要

2011年の刑法改正で「不正指令電磁的記録に関する罪」が新設されました。この「電磁的記録」について、条文には以下の記載があります。

1.人が電子計算機を使用するに際してその意図に沿うべき動作をさせず、又はその意図に反する動作をさせるべき不正な指令を与える電磁的記録
2.前号に掲げるもののほか、同号の不正な指令を記述した電磁的記録その他の記録

この「意図に沿うべき動作をさせず」「不正な指令を与える」ということからウイルス作成罪と呼ばれています。IPAの統計を見ると、ウイルスに感染した企業、発見した企業は多いといえます（図7-15）。

ウイルスを所持しているだけで罪？

ウイルス作成罪では、正当な理由がなく、他人のコンピュータに無断で実行させるためにウイルスを作成したり提供したりした場合には、3年以下の懲役または50万円以下の罰金が科せられます。また、同様にウイルスを取得または保管した場合も、2年以下の懲役または30万円以下の罰金となっています。

この「正当な理由がなく」という部分が重要で、知らないうちにウイルスを送りつけられたために、コンピュータにウイルスが保存されているような場合は処罰の対象にはなりません。

また、ウイルス対策ソフトを開発するといった正当な目的があり、無断で他人のコンピュータで実行させることが目的でないことが明らかな場合は罪に問われることはありません。同様に、不具合などが原因でウイルスと同じような動作をするプログラムを意図せずに作成してしまった場合も、犯罪にはなりません（図7-16）。

図 7-15　ウイルスに感染した企業、発見した企業は多い

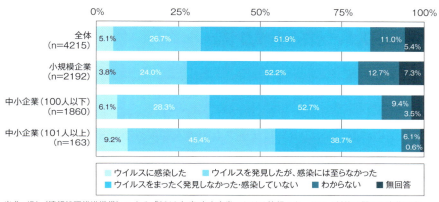

出典：IPA（情報処理推進機構）による「2016年度 中小企業における情報セキュリティ対策に関する実態調査」
（URL：https://www.ipa.go.jp/security/fy28/reports/sme/）

図 7-16　ウイルス作成罪に問われる・問われない例

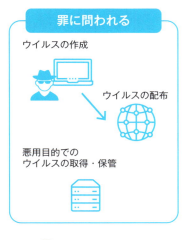
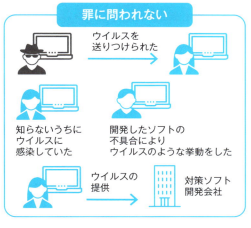

Point

- ウイルスを作成するだけでなく、悪用目的で取得・保管している場合もウイルス作成罪に問われる可能性がある
- 正当な目的があってウイルスを取得・保管している場合は、ウイルス作成罪には問われない

7-8 ·············· 電子計算機使用詐欺罪、電子計算機損壊等業務妨害罪

≫ コンピュータに対する 詐欺や業務妨害

不正送金や仮想通貨の盗難などに適用される罪

　一般的な詐欺罪は、「人をだます」行為に適用されるのに対し、**電子計算機使用詐欺罪**は、「**コンピュータなどの人間以外をだます**」行為に適用されます。コンピュータなどに対して、ウソの情報を使ってサービスを不正に受けた場合などに該当します。

　わかりやすい例としては、偽造テレホンカードなどを作成し、通話したような場合です。また、フィッシング詐欺などで他人になりすまして不正送金を行う、クレジットカード情報を不正に利用して利益を得る、といった行為にも電子計算機使用詐欺罪が適用される場合があります（図7-17）（フィッシング詐欺でIDやパスワードを不正に入手する行為には、不正アクセス禁止法が適用される）。

　最近では、仮想通貨における不正な取引や詐取などについても適用されています。

サイバー攻撃によって業務を妨害した場合の罪

　他者の業務を妨害した場合には、偽計業務妨害や威力業務妨害などがありますが、コンピュータを破壊したり、データを破壊したりした場合に適用されるものとして**電子計算機損害等業務妨害罪**があります。

　ここで、「損壊」とありますが、実際には虚偽のデータで書き換える、不正な処理を実行するなど、**コンピュータに本来の動作と異なる処理をさせて業務を妨害**した場合に適用されます。

　例えば、サーバ上のファイルを書き換える、DoS攻撃などで負荷を高めて使用できない状況にする、システム障害を発生させるなどの行為が該当します（図7-18）。オンラインゲームなどで「チートツール」を使ってデータを書き換えるといった行為に適用された事例もあります。

図7-17　電子計算機使用詐欺罪

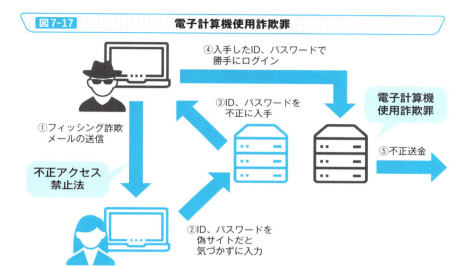

図7-18　電子計算機損壊等業務妨害罪に該当する例

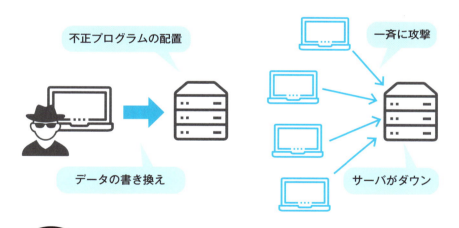

Point

- 電子計算機使用詐欺罪は、コンピュータを騙して不正に利益を受けた場合などに適用される
- 電子計算機損壊等業務妨害罪は、コンピュータに本来の動作と異なる処理をさせた場合などに適用される

7-9 ········· 著作権法、クリエイティブ・コモンズ

» 著作物の無断利用に注意

すべての著作物は著作権で保護される

インターネット上や書籍など、世の中には多くの文章がありますが、他人が作成した文章を勝手にコピーして自分の文章として発表することはできません。これは文章だけでなく、音楽や画像、プログラムなども同じで、著作権で保護されています。

著作権は**著作物を創作した時点で自動的に発生**し、届け出は不要です。勝手に著作物を使用すると著作権の侵害になります。

もう少し詳しくいうと、著作者が持つ権利には**著作者人格権**と**著作権**（**著作財産権**）の2つがあります（図7-19）。著作者人格権は勝手に作品を変更されたり、一部だけを抜き出されたりしないように保護する権利で、著作者しか持てない権利です。

一方、著作財産権は著作者がその作品で生計が立てられるように財産として考える権利で、その一部または全部を譲渡したり、相続したりできます。

他の人の著作物を利用したい場合

自分の作品としてではなく、他人の著作物を他人のものとして少しだけ利用（紹介）したい場合があります。このようなときに利用できないと不便ですし、著作権者に承認を得るのも大変です。

そこで、一定の条件において、著作権者の承諾を得なくても利用できる場合があります。例えば、学校の授業での利用、私的使用のための複製はしてもよいことになっています。また、一定の範囲内での「引用」なら、ルールに従っていれば著作権者の許可なく利用可能です（図7-20）。

なお、著作物の中には、再利用されやすくするために**クリエイティブ・コモンズ**を使っている場合があります。クリエイティブ・コモンズでは、作品の改変や商用利用など、許可する内容を著作者が指定します。ここで認められている範囲であれば、著作物を自由に使用できます。

図7-19　知的財産権の分類

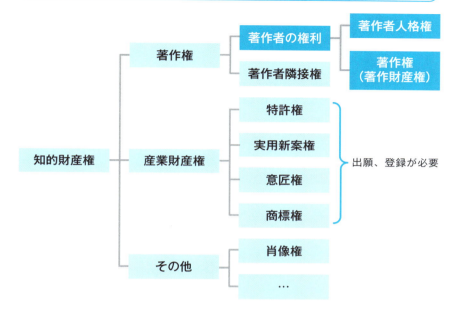

図7-20　引用する場合のルール

引用する必要性があること
・本文と関係ないものはNG

引用した部分が一部であること
・ほとんどが引用で構成されるものはNG

勝手に改変しないこと
・誤字や脱字を勝手に修正するのはNG

引用している部分が明確に区別されていること
・利用者が引用部分を判断できないものはNG
・例）括弧でくくる、段落を分ける

引用する著作物の出所を明示しておくこと
・引用元がわからないのはNG
・例）書籍の場合は著者名やタイトル、出版社名など
・例）Webページの場合はサイト名とURLなど

Point

- 著作権は出願や登録を行わなくても、創作した時点で自動的に発生する
- 他の人の著作物であっても、引用する場合のルールを守れば、著作権者の承諾を得なくても利用できる

7-10 ················· プロバイダ責任制限法、迷惑メール防止法

» プロバイダと電子メールの ルール

プロバイダが責任を負う範囲

　インターネットは匿名で利用できるのが便利である一方で、匿名であることを犯罪に悪用されることがあります。例えば、掲示板などに誹謗中傷のコメントが投稿されたり、著作権を侵害された内容が掲載されたりすることで被害が発生します。

　このような場合、プロバイダが勝手に削除すると、投稿者から訴えられる恐れがあります。かといって削除せずに放置すると、被害者から訴えられる恐れがあります。これではプロバイダは困るので、プロバイダが負う責任を限定するプロバイダ責任制限法があります（図7-21）。

　また、同法では、プロバイダやサーバ管理者が発信者情報の開示をすることも定められています。これにより、プロバイダは警察などの求めがあれば、IPアドレスなど情報の発信元を開示しなければなりません。匿名で利用していると思っていても、警察などによって個人を特定することが可能だということは忘れないようにしましょう。

「迷惑メール防止法」の効果は

　電子メールを使うと、お金をかけずに大量にメールを送ることが可能です。ランダムにメールアドレスを生成して送ることも可能で、一方的に広告宣伝メールを送りつける「迷惑メール」が社会問題になりました。

　このため、「特定電子メールの送信の適正化等に関する法律」（迷惑メール防止法）が定められました。2008年の改正では、広告宣伝メールを送るには、原則として受信者の事前承諾（オプトイン）が必要となりました（図7-22）。また、広告宣伝メールを送信する場合、本文に送信者の名前や連絡先、受信拒否方法などを記載しなければなりません。

　このように法律面での対策が進んだことや、スパムメールフィルタなどの技術が進んでいますが、完全にはなくならないのが現状です。

図7-21 プロバイダ責任制限法によるプロバイダの免責

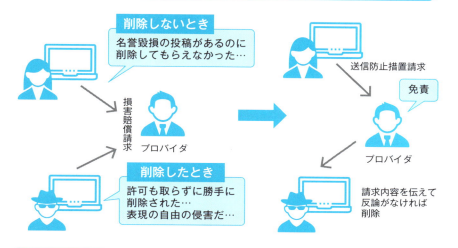

図7-22 迷惑メール防止法の改正

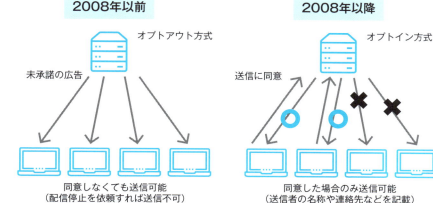

Point

- プロバイダ責任制限法によって、プロバイダが負う責任を制限するだけでなく、警察などの求めがあれば情報の発信元を特定できる
- 迷惑メールを防ぐために特定電子メール法が定められ、改正も行われたが、完全に迷惑メールをなくすには至っていない

7-11 ·········· 電子署名法、e-文書法、電子帳簿保存法

» デジタルでの文書管理に関する法律

電子署名を証明手段に利用

　紙に印刷した書類に署名や押印することで、本人が作成したものと認めることは昔から行われてきました。しかし、コンピュータ内に存在するファイルは書き換えが容易なため、改ざんされても気づくことが困難です。そこで、手書きの署名や押印と同様に、電子署名を証明手段として認めるために作られた法律が電子署名法です。

　同法では「特定認証業務に関する認定制度」が定められており、現在は公開鍵暗号を用いたPKIにより認証を行っています（第5章の5-4を参照）。この電子証明書を発行するのが特定認証業務で、証明書を発行する電子認証局として求められる技術や設備水準が定められています（図7-23）。

電子データでの文書保存

　e-文書法は、電子データで文書を保存することを認める法律です。正確には2つの法律で構成されており、他の法律を改正せずに電子データでの保存を可能とする旨が示されています。

　これにより、紙文書を義務付けられている法律に対しても、当初から電子的に作成された文書（電子文書）に加え、紙書類をスキャンして電子化した文書（電子化文書）も認められるようになりました。

帳簿書類を電子保存する

　国税関係の帳簿書類には保存義務がありますが、帳簿書類の電子保存を認める法律が電子帳簿保存法です。ただし、スキャンするだけでは認められず、タイムスタンプの付与が要件となっています。

　また、2015年に成立した改正法では、領収証などをスキャンして電子化する際の金額の上限が撤廃されたため、スキャン保存する事業者が急増しました（図7-24）。

図7-23　電子署名法における特定認証業務の認定

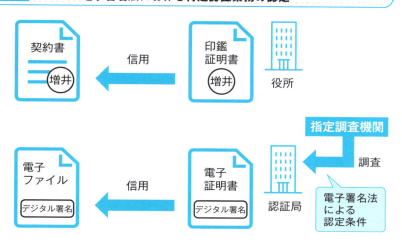

図7-24　電子帳簿保存法にもとづくスキャナ保存の承認件数の推移

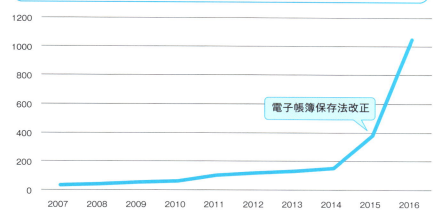

Point

- 電子署名法により、認証局に求められる技術や設備水準が定められている
- 電子帳簿保存法は、国税に関する帳票を電子化して保存することを認める法律である
- e-文書法の改正もさまざまな分野の書類を電子データで保存することを認める法律だが、保存要件には違いがある

第7章 デジタルでの文書管理に関する法律……電子署名法、e-文書法、電子帳簿保存法

213

7-12 ·············· IT基本法、サイバーセキュリティ基本法、官民データ活用推進基本法

》 国が規定する
セキュリティ戦略や理念

IT利用における国の理念と方針

インターネットが普及し、急激にITを取り巻く環境が変化しています。そんな中で、国民が安心してITを利用できるように、国が理念や方針を定めた法律がIT基本法です。正式には、「高度情報通信ネットワーク社会形成基本法」といい、2001年に施行されてから、時代の変化に合わせて「e-Japan戦略」「u-Japan戦略」「i-Japan戦略」など、次々と戦略が提示されています。

最近では「スマート・ジャパンICT戦略」や「データ活用」といった言葉が多く登場し、行政手続きのオンライン化やオープンデータの推進、データ利活用のルール整備など、具体的な施策が計画されています。

サイバー攻撃とセキュリティ人材不足に対応

2014年に成立したサイバーセキュリティ基本法では、政府の情報セキュリティ戦略の一環として、サイバー攻撃を受けたときの体制強化やセキュリティ人材の育成サポートなどを明文化しています。

この背景には、サイバー攻撃の急増だけでなく、図7-25のようなセキュリティ人材の不足があり、その育成が急務であることが挙げられます。

急増するデータを有効活用するために

前述のように、個人情報保護法の改正により、個人情報を匿名化して安全に利活用できるようになりました。また、サイバーセキュリティ基本法では、データ流通におけるセキュリティを強化しました。

さらに、急増するデータをAIやIoTに活用して、急速に進む少子高齢化に対応する方策が検討されています。官民が管理・利用しているデータを活用するため、2016年に成立したのが官民データ活用推進基本法です（図7-26）。

図7-25　セキュリティ人材の不足

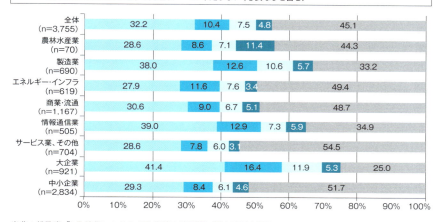

出典：総務省「IoT時代におけるICT経済の諸課題に関する調査研究」
(URL：http://www.soumu.go.jp/johotsusintokei/linkdata/h29_04_houkoku.pdf)

図7-26　データ流通・利活用における法律の位置づけ

出典：総務省「平成29年版情報通信白書」
(URL：http://www.soumu.go.jp/johotsusintokei/whitepaper/ja/h29/pdf/index.html)

Point
- セキュリティ人材は今後も不足することが予想されており、サイバーセキュリティ基本法などでその育成を目指している
- 個人情報保護法、サイバーセキュリティ基本法、官民データ活用推進基本法により、セキュリティの強化と個人情報の利活用を目指している

7-13 ·········· 情報セキュリティマネジメント試験、情報処理安全確保支援士、CISSP

» セキュリティ関連の資格

情報システムを利用する側の資格

　IT に関する公的な資格としては、IPA（情報処理推進機構）が提供する情報処理技術者試験があります。セキュリティ以外にもさまざまな分野の試験がある中で、脅威から継続的に組織を守るための基本的スキルを認定するのが情報セキュリティマネジメント試験です（図7-27）。

　この試験では、情報システムを利用している部門なら、業種や職種などを問わず、必要な知識を確認できます。情報セキュリティが確保された状況の実現・維持・改善をするような人に向いた試験です。

情報セキュリティの専門家になるための資格

　2016年に改正された「情報処理の促進に関する法律」で定められた国家資格として情報処理安全確保支援士（登録セキスペ）があります。

　セキュリティに関する専門的な知識や技能に加え、安全な情報システムの企画・設計・開発・運用の支援、セキュリティ対策の調査・分析・評価、その結果にもとづく指導や助言ができる人を認定する資格です（図7-28）。

　合格後に登録することで、「情報処理安全確保支援士」を名乗ることができ、ロゴマークを名刺に入れることも可能です。また、登録者として情報が一般公開されるため、スキルをアピールできますが、「信用失墜行為の禁止」「秘密保持」「講習受講」の義務があります。

国際的なセキュリティ資格

　国際的に認められている情報セキュリティに関する資格としてCISSP（Certified Information Systems Security Professional）があります。受験には情報セキュリティ分野での実務経験が必要です。また、取得者は資格を維持するために継続的なセキュリティ学習を行う必要があり、その証拠として「CPEポイント」を貯めていきます。

図7-27　情報処理技術者試験の種類と位置づけ

ITSS	情報処理技術者試験		情報処理安全確保支援士試験
対象	ITを利活用する者	情報処理技術者	登録セキスペ
レベル7			
レベル6			
レベル5			
レベル4		ITストラテジスト試験／システムアーキテクト試験／プロジェクトマネージャ試験／ネットワークスペシャリスト試験／データベーススペシャリスト試験／エンベデッドシステムスペシャリスト試験／ITサービスマネージャ試験／システム監査技術者試験	情報処理安全確保支援士試験
レベル3	応用情報技術者試験		
レベル2	情報セキュリティマネジメント試験	基本情報技術者試験	
レベル1	ITパスポート試験		

図7-28　情報処理安全確保支援士の想定業務

出典：IPA（情報処理推進機構）「IT人材の育成」（URL：https://www.ipa.go.jp/files/000058688.xlsx）

Point

- IPAが実施しているセキュリティ関連の国家試験には、利用部門向けの情報セキュリティマネジメント試験と、専門家向けの情報処理安全確保支援士試験がある
- 情報セキュリティに関する国際的な資格としてCISSPがある

やってみよう

個人情報保護法に関連する ガイドラインなどを調べよう

　改正前の個人情報保護法では各省庁がガイドラインを発行していましたが、改正により、すべての分野に共通に適用される汎用的なガイドラインとして、個人情報保護委員会が発行する「通則編」が使われるようになりました。

　しかし、現在も個人情報保護に関するガイダンスがたくさん存在しています。自身の仕事などで関係する省庁が発行しているガイドラインやガイダンスについて調べてみましょう。

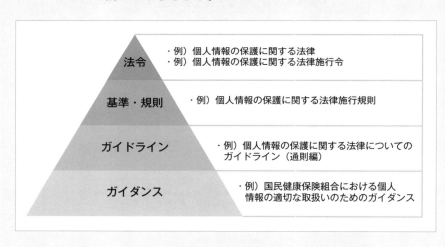

　これらを読んでみると、情報漏えいが発生した場合の報告先などについて、具体的な内容が定められています。この報告先を確認するだけでなく、実際に事案が発生したときのことを仮定して、どのような対応が必要なのか訓練を実施してみましょう。

出典：IPA（情報処理推進機構）「情報漏えい発生時の対応ポイント集」
（URL：https://www.ipa.go.jp/files/000002224.pdf）を参考に作成

索 引

〔 A-G 〕

AES	128
APT 攻撃	88
BCM	168
BCP	168
BIA	168
BYOD	178
CA	132
CAPTCHA	34
CISSP	216
CMS	118
CRL	144
CSIRT	164
CSRF	106
CVSS	120
DDoS 攻撃	54
DES	128
DLP	182
DMZ	66
DNS	80
DoS 攻撃	54
EV SSL 証明書	152
e-文書法	212
e-ラーニング	162
FTP アカウント	44
GDPR	200

〔 H-N 〕

HIDS	62
HTTP/2	140
HTTPS	140
IDS	62
IEEE 802.1X	70
IPS	62
IPsec	148
IP スプーフィング	46
ISMS	158
ISO 14000	158
ISO 9000	158
ISO/IEC 27000	158
IT 基本法	214
JIS Q 15001	198
JIS Q 27000	158

JIS Q 27001:2014	158
JVN	120
JVN iPedia	120
k-匿名化	194
MAC アドレスフィルタリング	68
MDM	178
Mirai	92
MITM	152
MyJVN API	120
NIDS	62

〔 O-Z 〕

OCSP	144
PCI DSS	166
PDCA サイクル	158
PGP	146
PKI	132
POP	146
POP over SSL	146
rootkit	52
RSA 暗号	142
S/MIME	146
SIEM	64
SLA	188
SMTP	146
SMTP over SSL	146
SOC	164
SQL	102
SQL インジェクション	102
SSH	148
SSID ステルス	68
SSL	138
SSL-VPN	148
SSL アクセラレータ	140
TLS	138
UPS	186
URL フィルタリング	172
UTM	64
VPN	148
WAF	114
Wireshark	60
WPA	70
WPA2	70
XSS	104

【 あ 】

アクセス権	28
アクセスの許可	22
アドイン	118
アドウェア	84
アドオン	118
暗号（アルゴリズム）の危殆化	144
暗号化	126
暗号鍵の危殆化	144
暗号化方式	70
暗号文	126
一般データ保護規則	200
移転	200
意図的な脅威	18
入口対策	56
インシデント	164
ウイルス	74
ウイルス作成罪	204
ウイルス対策ソフト	76
ウイルス定義ファイル	76
ウォームスタンバイ	186
遠隔操作型マルウェア	50
オプトアウト	194, 211
オプトイン	194, 210, 211

【 か 】

改ざん	44
改ざん検知ツール	52
換字式暗号	126
顔認証	38
鍵	126
仮想通貨	86
可用性	22
環境的脅威	18
完全性	22
完全性証明	150
官民データ活用推進基本法	214
管理策基準	160
キーロガー	84
機会	20
技術的脅威	18
基本方針	156
機密性	22
脅威	16
共通鍵暗号	126
金銭奪取	14
偶発的な脅威	18
クライアント証明書	148

クリアスクリーン	184
クリアデスク	184
クリエイティブ・コモンズ	208
クロスサイトスクリプティング	104
クロスサイトリクエストフォージェリ	106
検疫ネットワーク	66
現代暗号	126
公開鍵	130
公開鍵暗号	130
公開鍵基盤	132
虹彩認証	38
更新プログラム	98
コードサイニング証明書	150
コード署名	150
コールドスタンバイ	186
個人情報保護法	192
古典暗号	126
コンテンツフィルタリング	172
コンピュータ・フォレンジック	176
根本的解決	116

【 さ 】

サーバ証明書	132
サービス拒否攻撃	54
最小特権	28
サイバーセキュリティ基本法	214
サイバーテロ	14
サンドボックス	78
シーザー暗号	126
事業影響分析	168
事業継続管理	168
事業継続計画	168
辞書攻撃	30
実施手順	156
実装原則	116
指紋認証	38
シャドーIT	180
集合研修	162
修正プログラム	98
常時SSL	140
情報資産	16
情報処理安全確保支援士	216
情報処理技術者試験	216
情報セキュリティ監査基準	160
情報セキュリティ管理基準	160
情報セキュリティ教育	162
情報セキュリティ早期警戒パートナーシップ ガイドライン	122
情報セキュリティのCIA	22

情報セキュリティポリシー ……………… 156
情報セキュリティマネジメント試験 ……… 216
情報セキュリティマネジメントシステム … 158
静脈認証 …………………………………… 38
証明書 ……………………………………… 132
証明書失効リスト ………………………… 144
証明書チェーン …………………………… 132
助言型監査 ………………………………… 160
所持情報 …………………………………… 32
処理 ………………………………………… 200
シンクライアント ………………………… 182
シングルサインオン ……………………… 36
真正性 ……………………………………… 24
人的脅威 …………………………………… 18
侵入検知システム ………………………… 62
侵入テスト ………………………………… 112
侵入防止システム ………………………… 62
信頼性 ……………………………………… 24
スイッチングハブ ………………………… 60
スクリプト ………………………………… 104
スタックオーバーフロー ………………… 110
ストリーム暗号 …………………………… 128
スパイウェア ………………………… 74, 84
スパムメール ……………………………… 82
脆弱性 ………………………………… 18, 96
脆弱性診断 …………………………… 102, 112
整数オーバーフロー ……………………… 110
生体情報 …………………………………… 32
正当化 ……………………………………… 20
責任追跡性 ………………………………… 24
セキュア・プログラミング ……………… 116
セキュリティパッチ ……………………… 98
セキュリティホール ……………………… 96
セキュリティレビュー …………………… 116
施錠管理 …………………………………… 184
設計原則 …………………………………… 116
セッション ………………………………… 108
セッションハイジャック ………………… 108
ゼロデイ攻撃 ……………………………… 100
総当たり攻撃 ……………………………… 30
ソースコードレビュー …………………… 116
存在証明 …………………………………… 150

〔 た 〕

対策基準 …………………………………… 156
第三者提供 ………………………………… 194
対称鍵暗号 ………………………………… 128
タイムスタンプ …………………………… 150
楕円曲線暗号 ……………………………… 142

多層防御 …………………………………… 56
他人受入率 ………………………………… 38
多要素認証 ………………………………… 32
知識情報 …………………………………… 32
中間者攻撃 ………………………………… 152
著作権 ……………………………………… 208
著作権法 …………………………………… 208
著作財産権 ………………………………… 208
著作者人格権 ……………………………… 208
出口対策 …………………………………… 56
デジタル・フォレンジック ……………… 176
デジタル署名 ……………………………… 136
電子計算機使用詐欺罪 …………………… 206
電子計算機損壊等業務妨害罪 …………… 206
電子署名 …………………………………… 136
電子署名法 ………………………………… 212
電子帳簿保存法 …………………………… 212
電子認証局 ………………………………… 212
転置式暗号 ………………………………… 126
動機 ………………………………………… 20
統合脅威管理 ……………………………… 64
盗聴 ………………………………………… 42
特定個人情報 ……………………………… 196
匿名化 ……………………………………… 194
匿名加工情報 ……………………………… 194
ドライブバイダウンロード ……………… 90
トリプルDES ……………………………… 128
トレードオフ ……………………………… 26
トロイの木馬 ……………………………… 74

〔 な 〕

内部不正 …………………………………… 20
なりすまし ………………………………… 46
二重化 ……………………………………… 186
二段階認証 ………………………………… 32
入退室管理 ………………………………… 184
二要素認証 ………………………………… 32
認可 ………………………………………… 28
認証 ………………………………………… 28
認証局 ……………………………………… 132
認証の三要素 ……………………………… 32
認証パス …………………………………… 132
ネットワーク型IDS ……………………… 62
乗っ取り …………………………………… 50

〔 は 〕

ハイブリッド暗号 ………………………… 138
バグ ………………………………………… 96

221

ハクティビズム	14
パケットキャプチャ	60
パケットフィルタリング	58
パスワード管理ツール	36
パスワードリスト攻撃	30
パターンファイル	76
バックドア	52
ハッシュ	134
ハッシュ関数	134
ハッシュ値	134
バッファオーバーフロー	110
ハニーポット	78
ヒープオーバーフロー	110
ビジネスメール詐欺	82
非対称暗号	130
否認防止	24
非武装地帯	66
秘密鍵	130
秘密鍵暗号	128
標的型攻撃	88
平文	126
ファーミング	80
ファイアウォール	58
ファイル共有サービス	90
フィッシング	80
フォレンジック	176
不具合	96
復号	126
不正アクセス	48
不正アクセス禁止法	202
物理的脅威	18
プライバシーポリシー	156
プライバシーマーク	198
プラグイン	118
ブラックリスト方式	114
ブルートフォース攻撃	30
振る舞い検知	76
ブロック暗号	128
プロバイダ責任制限法	210
ペネトレーションテスト	112
法人番号	196
ポートスキャン	112
保険的対策	116
保証型監査	160
ホスト型IDS	62
ボット	54
ホットスタンバイ	186
ボットネット	54
ホワイトリスト方式	114

【 ま 】

マイナンバー	196
マイナンバー法	196
マクロウイルス	74
マネジメント基準	160
マルウェア	74
ミラーリングポート	60
無停電電源装置	186
迷惑メール防止法	210
メールボム	54

【 やらわ 】

愉快犯	14
要求事項	158
要配慮個人情報	192
ランサムウェア	86
リスク	16
リスクアセスメント	170
リスク移転	170
リスク回避	170
リスク低減	170
リスクベース認証	34
リスク保有	170
リスクマネジメント	170
リピータハブ	60
リファラ	108
ルート証明書	132
ログ	174
ログ管理	174
ワーム	74
ワンクリック詐欺	82
ワンタイムパスワード	32

本書内容に関するお問い合わせについて

このたびは翔泳社の書籍をお買い上げいただき、誠にありがとうございます。弊社では、読者の皆様からのお問い合わせに適切に対応させていただくため、以下のガイドラインへのご協力をお願い致しております。下記項目をお読みいただき、手順に従ってお問い合わせください。

●ご質問される前に

弊社Webサイトの「正誤表」をご参照ください。これまでに判明した正誤や追加情報を掲載しています。

　　　　正誤表　　https://www.shoeisha.co.jp/book/errata/

●ご質問方法

弊社Webサイトの「刊行物Q&A」をご利用ください。

　　　　刊行物Q&A　　https://www.shoeisha.co.jp/book/qa/

インターネットをご利用でない場合は、FAXまたは郵便にて、下記"翔泳社 愛読者サービスセンター"までお問い合わせください。
電話でのご質問は、お受けしておりません。

●回答について

回答は、ご質問いただいた手段によってご返事申し上げます。ご質問の内容によっては、回答に数日ないしはそれ以上の期間を要する場合があります。

●ご質問に際してのご注意

本書の対象を越えるもの、記述個所を特定されないもの、また読者固有の環境に起因するご質問等にはお答えできませんので、予めご了承ください。

●郵便物送付先およびFAX番号

　　　　送付先住所　　〒160-0006　東京都新宿区舟町5
　　　　FAX番号　　　03-5362-3818
　　　　宛先　　　　　（株）翔泳社 愛読者サービスセンター

※本書に記載されたURL等は予告なく変更される場合があります。
※本書の出版にあたっては正確な記述につとめましたが、著者や出版社などのいずれも、本書の内容に対してなんらかの保証をするものではなく、内容やサンプルに基づくいかなる運用結果に関してもいっさいの責任を負いません。

※本書に記載されている会社名、製品名はそれぞれ各社の商標および登録商標です。

著者プロフィール

増井 敏克 （ますい・としかつ）

増井技術士事務所代表。技術士（情報工学部門）。情報処理技術者試験にも多数合格。ビジネス数学検定1級。

「ビジネス」×「数学」×「IT」を組み合わせ、コンピュータを「正しく」「効率よく」使うためのスキルアップ支援や、各種ソフトウェアの開発、脆弱性診断や情報セキュリティに関するコンサルティングなどを行っている。

著書に『おうちで学べるセキュリティのきほん』『プログラマ脳を鍛える数学パズル』『エンジニアが生き残るためのテクノロジーの授業』『もっとプログラマ脳を鍛える数学パズル』（以上、翔泳社）、『シゴトに役立つデータ分析・統計のトリセツ』『プログラミング言語図鑑』（以上、ソシム）がある。

装丁・本文デザイン／相京 厚史（next door design）
カバーイラスト／どいせな
DTP／佐々木 大介
　　　吉野 敦史（株式会社アイズファクトリー）
　　　大屋 有紀子

図解まるわかり セキュリティのしくみ

2018年 9月21日　初版第1刷発行
2020年12月 5日　初版第4刷発行

著者　　　増井 敏克
発行人　　佐々木 幹夫
発行所　　株式会社 翔泳社（https://www.shoeisha.co.jp）
印刷・製本　日経印刷 株式会社

©2018 Toshikatsu Masui

本書は著作権法上の保護を受けています。本書の一部または全部について（ソフトウェアおよびプログラムを含む）、株式会社 翔泳社から文書による許諾を得ずに、いかなる方法においても無断で複写、複製することは禁じられています。
本書へのお問い合わせについては、223ページに記載の内容をお読みください。
落丁・乱丁はお取り替えいたします。03-5362-3705 までご連絡ください。

ISBN978-4-7981-5720-7　　　　　　　　　　　　　　　　Printed in Japan